ZUOWU JIANKANG ZAIPEI
YANJIU YU SHIJIAN

# 作物健康栽培
## 研究与实践

赵庆雷　尹金桂　陈爱华　著

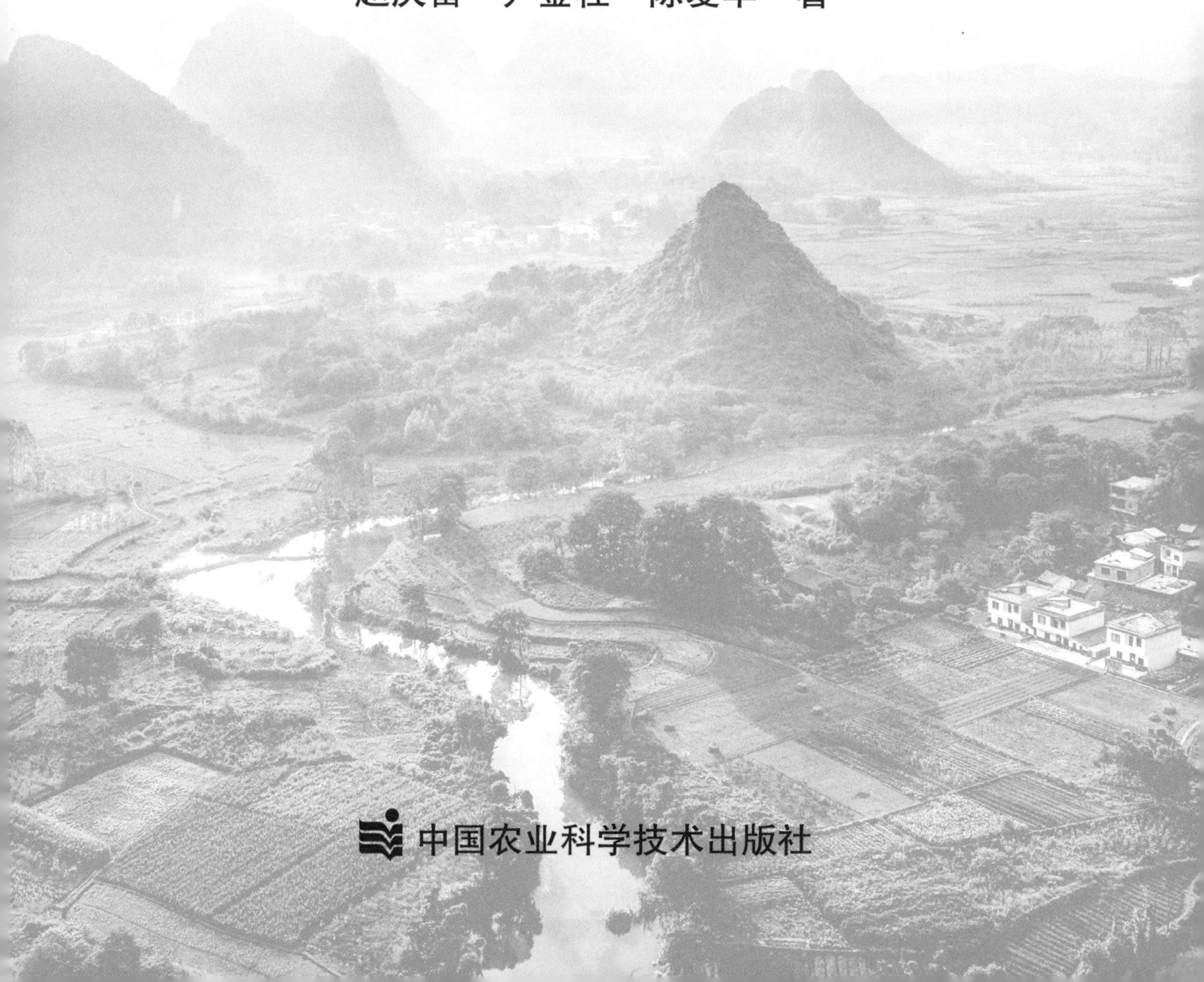

中国农业科学技术出版社

图书在版编目(CIP)数据

作物健康栽培研究与实践 / 赵庆雷，尹金桂，陈爱华著 . -- 北京：中国农业科学技术出版社，2025.9.
ISBN 978-7-5116-7519-4

Ⅰ.S31

中国国家版本馆 CIP 数据核字第 2025R3D199 号

| 责任编辑 | 姚　欢 |
| 责任校对 | 王　彦 |
| 责任印制 | 姜义伟　王思文 |

| 出 版 者 | 中国农业科学技术出版社 |
|  | 北京市中关村南大街 12 号　　邮编：100081 |
| 电　　话 | （010）82106631（编辑室）　　（010）82106624（发行部） |
|  | （010）82109709（读者服务部） |
| 网　　址 | https://castp.caas.cn |
| 经 销 者 | 各地新华书店 |
| 印 刷 者 | 中煤（北京）印务有限公司 |
| 开　　本 | 170 mm×240 mm　1/16 |
| 印　　张 | 6 |
| 字　　数 | 100 千字 |
| 版　　次 | 2025 年 9 月第 1 版　2025 年 9 月第 1 次印刷 |
| 定　　价 | 38.00 元 |

版权所有·翻印必究

# 《作物健康栽培研究与实践》
# 著者名单

**赵庆雷**　（山东省农业科学院湿地农业与生态研究所、
　　　　　　山东省水稻研究所）

**尹金桂**　（济南市城乡建设发展服务中心）

**陈爱华**　（山东筑萍文物保护工程设计有限公司）

# 著者简介

赵庆雷，男，生于 1982 年 2 月，山东省农业科学院湿地农业与生态研究所（山东省水稻研究所）副研究员，长期从事水稻高效栽培技术研究。先后主持或参与国家科技支撑计划、山东省自然科学基金、山东省重点研发计划、山东省农业重大应用技术创新课题、山东省农业科学院农业科技创新工程等项目 10 余项。相关研究成果获山东省科技进步奖二等奖 1 项，山东省农业科学院科技进步奖一等奖 2 项，山东省农业科学院科技进步奖二等奖 2 项；在 Agronomy Journal、Chilean Journal of Agricultural Research、《中国农业科学》、《作物学报》、《植物保护学报》等国内外学术刊物上发表论文 50 余篇，获国家发明专利 4 项，制定山东省地方标准 5 项，发布山东省农业主推技术 2 项，发布山东省绿色低碳技术 1 项，发布山东省农业技术规程 3 项。

尹金桂，女，生于 1982 年 8 月，济南市城乡建设发展服务中心高级工程师，主要从事园林植物种植、园林绿化施工与设计工作，目前主要负责园林行业的建设管理工作，具有丰富的园林行业管理工作经验，获国家专利 3 项，发表论文 9 篇。

陈爱华，女，生于 1982 年 6 月，山东筑溥文物保护工程设计有限公司高级工程师，设计总监，主要从事文化遗址公园工程设计、道路交通景观设计、立体绿化设计等工作，具有丰富的园林设计工作经验，获国家专利 2 项，发表论文 5 篇。

# 前言

化肥、农药等化学投入品的生产和使用是现代农业的重要标志。化肥作为"粮食的粮食",在农业发展和粮食生产中起关键作用,是农作物增产的基础性物质。农药作为防控作物病虫草害的关键手段,在我国作物生产过程中发挥着极其重要的作用。但当前农业生产包括林业和苗木生产中普遍存在化肥、农药过量使用、滥用等问题,带来一系列的负面效应:一是造成水体富营养化和农业面源污染;二是过量使用增加生产成本,还造成农产品品质下降、农残超标,危害人体健康;三是恶化土壤理化性状,造成土壤污染,破坏生态平衡。有关统计表明,水稻、玉米和小麦等主要粮食作物化肥、农药使用量过大,而产出水平未达预期,甚至出现减产,依靠增施化肥、喷施农药提高产量的效应已近极限。为了实现农业绿色、健康、可持续发展,必须改变靠化肥、农药大量投入来提高产出的传统、粗放的作物种植模式,实行化肥、农药投入更少、利用率更高、环境更友好的新型作物种植模式,而健康栽培模式成为当下农作物和苗木种植的必然选择。

作物健康栽培是一种现代农业生产理念,它强调在作物生长过程中采取综合措施，以提高作物的抗逆性和产量，同时减少对化学农药和肥料的依赖，保护环境和食品安全。健康栽培通过选择抗病虫品种、合理优化水肥条件、科学布置田间作物的栽植密度等措施优化农田生态环境，使田间作物健康状况得到明显改善、抗逆能力显著提升。作物健康栽培通过平衡施肥、秸秆还田、豆科牧草作物轮作等技术措施，在作物种植收益不下降的前提下，使土壤理化特性和健康状况明显改善、化肥总体用量显著降低。作物健康栽培通过播前种子包衣、药剂浸种、作物健身栽培、清除病株残体、狠抓病虫草害防控的关键期、规范用药、保护天敌、使用生物农药等技术手段，大大提高作物病虫草害的防控效率，显著降低化学农药的使用量。作物健康栽培通过轮作、间作、套种、林菌混作等方式，增加农业生态系统的多样性和稳定性，既可打破病虫害的循环链，减少病虫害的发生，又可通过轮茬，减轻作物的化感作用，提高作物的产量、质量及总体收益。总之，健康栽培不仅关注作物的产量和质量，还注重环境保护和农业可持续发展，在减少化学投入的同时，提高作物的抗病性和综合效益，实现农业生产的绿色、可持续发展，是当下农林业发展的必然选择。

本书将作物健康栽培的研究背景、意义进行了较为详细的阐述，并结合著者多年的研究工作，将其在作物健康栽培方面的探索、实践与思考进行了较为系统的梳理与阐释。本书主要包括3个方面的实践：一是"水稻-花生-小麦两年三熟健康栽培模式研究"；二是"水稻黑条矮缩病综合防控技术研究"；三是"长期秸秆还田与不同施肥水平下水稻青枯病的抗性研究"。通过对作物健康栽培实践的阐释与分析，实现理论与实践的结合，让读者在一个个生动的实践中理解作物健康栽培的真正内涵。每一个实践都有对应的研究结论或启示，供读者鉴阅。

本书是在著者多年科研工作的基础上撰写而成的，是对科研工作的阶段性总结。在作物健康栽培的研究过程中，离不开山东省农业重大应用技术创新课题（水稻黑条矮缩病综合防控技术研究）、山东省作物遗传改良与生态生理重点实验室课题（水稻-花生-小麦轮作模式及其生理生态机制研究）、山东省农业科学院农业科技创新工程（粮田资源环境长期定位监测）等项目的资金支持，谨在此致谢！

本书适合种粮大户、农林业从业人员、农技推广人员及农业科研院所人员在作物健康栽培的研究及推广中借鉴使用。本书对作物病虫草害的绿色防控等工作也具有一定的借鉴意义。

由于著者水平所限，书中不足之处在所难免，诚请读者批评指正。

著 者

2025 年 9 月

# 目录

**第一章　作物健康栽培的研究背景与意义** ······················ 1

　第一节　研究背景 ····················································· 2

　　一、化肥、农药的重要性 ········································· 2

　　二、我国化肥、农药的使用现状 ································ 3

　　三、化肥、农药过量施用的危害 ································ 4

　第二节　健康栽培的概念 ············································ 6

　第三节　作物健康栽培的意义 ······································ 9

　　一、健康栽培实现了作物产量和品质的同步提升 ············ 9

　　二、健康栽培实现了化肥、农药的合理减施和节本
　　　　增效 ···························································· 9

　　三、健康栽培减轻了农业污染，美化了环境 ················· 9

　　四、健康栽培实现了农业可持续发展 ························ 10

**第二章　作物健康栽培的探索与实践一**
　　　　——水稻-花生-小麦两年三熟健康栽培模式研究 ······ 11

　第一节　研究背景与意义 ·········································· 12

　第二节　材料与方法 ················································ 13

一、材料 ……………………………………………… 13
　　二、方法 ……………………………………………… 14
　　三、数据分析 ………………………………………… 17
第三节　不同耕作模式对土壤理化特性的影响 …………… 17
第四节　不同轮作模式对花生产量的影响 ………………… 19
　　一、不同轮作模式下花生产量及其构成特征 ……… 19
　　二、不同轮作模式下花生部分生理指标表现 ……… 20
第五节　不同轮作模式对花生病虫害的影响 ……………… 21
　　一、不同轮作模式下花生果腐病的发病特征 ……… 22
　　二、不同轮作模式下花生白绢病的发病特征 ……… 23
　　三、不同轮作模式下花生蛴螬危害的特征 ………… 24
第六节　主要结论 …………………………………………… 25

第三章　作物健康栽培的探索与实践二
　　　　——水稻黑条矮缩病综合防控技术研究 ………… 27
第一节　研究背景与意义 …………………………………… 28
第二节　灰飞虱防控预警技术 ……………………………… 30
　　一、灰飞虱年生活史调查 …………………………… 30
　　二、不同温度下灰飞虱各虫态历期 ………………… 32
　　三、灰飞虱消长规律调查 …………………………… 33
　　四、发生程度分级标准 ……………………………… 34
　　五、防控预警 ………………………………………… 35
第三节　抗（耐）病、抗虫品种筛选 ……………………… 37
第四节　麦田带毒虫源控制技术 …………………………… 39

一、稻茬麦改撒播为旋耕后播种 …………………… 39

二、麦田灰飞虱高效防控技术 ……………………… 40

第五节　防虫网隔离育秧技术 ………………………… 40

第六节　综合栽培管理措施 …………………………… 41

一、秧田期减密减氮试验 …………………………… 41

二、大田分蘖期氮肥施用试验 ……………………… 43

三、不同灌水方式试验 ……………………………… 44

第七节　防治灰飞虱药剂筛选试验 …………………… 45

第八节　水稻黑条矮缩病综合防控技术规程 ………… 47

一、农业防治 ………………………………………… 48

二、使用防虫网覆盖育秧 …………………………… 49

三、化学防治 ………………………………………… 49

第九节　水稻黑条矮缩病综合防控技术效益分析 …… 50

一、经济效益分析 …………………………………… 50

二、社会与生态效益分析 …………………………… 51

第十节　主要结论 ……………………………………… 52

# 第四章　作物健康栽培的探索与实践三

——长期秸秆还田与不同施肥水平下水稻青枯病的抗性研究 ……………………………………………… 55

第一节　研究背景与意义 ……………………………… 56

第二节　材料与方法 …………………………………… 57

一、材料 ……………………………………………… 57

二、方法 ……………………………………………… 58

三、数据分析 ········································· 60

　第三节　灾害性气象条件下秸秆处理方式与不同施肥水平
　　　　　对水稻青枯病的影响 ······························ 60

　　一、温光条件及降水量 ································· 60

　　二、不同秸秆处理方式与不同施肥水平对水稻青枯病
　　　　发病率的影响 ····································· 63

　　三、不同秸秆处理方式与不同施肥水平对土壤肥力
　　　　水平的影响 ······································· 64

　　四、不同秸秆处理方式与不同施肥水平对稻谷产量构成
　　　　及其加工品质的影响 ······························· 66

　　五、水稻青枯病发病率、产量与化肥投入及土壤肥力
　　　　水平的关系 ······································· 68

　　六、水稻青枯病发病率与稻谷产量、稻谷加工品质等
　　　　指标的关系 ······································· 69

　第四节　主要结论 ········································ 71

第五章　作物健康栽培展望 ································· 73

　　一、健康栽培应追求作物、环境与人的和谐共生 ············ 74

　　二、健康栽培应绿色优先，化肥、农药按需分配 ············ 75

　　三、健康栽培应具备轻简、节本、高效的特征 ·············· 76

参考文献 ················································· 79

# 第一章

# 作物健康栽培的研究背景与意义

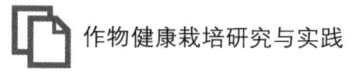

# 第一节 研究背景

## 一、化肥、农药的重要性

化肥、农药等化学投入品的生产和使用是现代农业的重要标志。

化肥作为"粮食的粮食",在农业发展和粮食生产中起关键作用,是农作物增产的基础性物质。施用化肥是提高作物单产水平的主要栽培措施之一。化肥的施用在农作物单产提升过程中作出了巨大贡献,据统计,施用化肥在作物增产中的贡献率超过30%。合理施肥可以改善作物品质,如施用适量钾肥可提高瓜果、蔬菜中的糖分和维生素含量,适量补充钙肥可防治瓜果脐腐病。合理施肥可以及时补充作物吸收带走的养分,维持土壤肥力水平,保障耕地质量。

农药是现代农业重要且不可或缺的特殊农业生产资料。我国作为农业大国,农药生产量和使用量均居世界前列。合理使用农药是防治病虫草害的主要措施。作为一种高投入产出比的农艺管理措施,农药的使用在保障粮食安全和提高作物产量和品质方面发挥了重要作用。据联合国粮食及农业组织2021年统计数据,全球粮食生产中因病虫草害而造成的损失约占粮食总产量的40%,而入侵昆虫造成的损失至少为700亿美元(约合人民币4 466亿元）。而采取积极的植物保护措施防治病虫草害，每年可挽回农产品损失1 000亿千克左右。

## 二、我国化肥、农药的使用现状

张福锁院士2023年统计研究表明，我国目前已成为世界上第一大肥料生产与消费国。《中国农业绿色发展报告2023》显示，我国2022年农用化肥施用总量为5 079.2万吨，全国水稻、玉米、小麦三大粮食作物化肥利用率为41.3%，较前几年出现总量下降、效率提升的良好态势，但与发达国家相比，化肥单位面积用量仍然较高，仍有较大的减施潜力。水稻、玉米和小麦等主要粮食作物，依靠增施化肥提高产量的效应已接近极限。

农药作为防控作物病虫草害的关键手段，在我国作物生产过程中发挥着极其重要的作用。但在实际操作中，由于农民的科学文化素养普遍不高，缺乏相关病虫草害防治的专业知识，为达到预期防治效果，过量施药甚至加倍施药问题突出。我国农药用量从1990年的73万吨增加到2019年的139万吨。农药的长期过量使用，一方面导致农药残留超标，进而造成食品安全问题；另一方面加速了病虫草抗药性的形成，而靶标抗药性的提升又促使农户在防控病虫草害时不得不喷洒更多的农药，造成恶性循环。有关研究资料显示，农业生产中使用的农药只有1%~4%能接触到靶标，其余的部分残留在土壤中，部分进入水体，部分残留在植物体和果实中，这造成了土壤和水体污染及农产品农残超标，埋下了严重的安全隐患。

## 三、化肥、农药过量施用的危害

### (一) 造成农业面源污染

农业面源污染也称农业非点源污染,指的是在农业生产和农村生活中所产生的污染物在降水和径流作用下进入水体所引起的污染。面源污染具有影响范围广、危害时间长、治理难度大等特征。

化肥的过量施用是形成农业面源污染的主要因素之一。化肥过量施用后仅有部分被作物吸收,其余的养分通过各种途径进入土壤和水体。过量的氮、磷通过地面径流和地下淋溶进入水体,使水体养分富集,造成地表水富营养化和地下水硝酸盐污染。据有关资料研究表明,我国地下水硝酸盐含量超标,80%的原因归结于氮肥的过量施用。我国多数湖泊与水库因面源污染导致水体处于富营养状态,据统计,我国主要湖泊富营养状态占比达79%,水体富营养化会导致水藻滋生,水质变差。

农药的过量施用也是造成农业面源污染的重要因素之一。喷洒农药时仅有极少部分接触到靶标,其余的大部分通过各种途径进入土壤和水体,污染了地下水和地表水体,严重威胁水生生物的生长和人畜饮水安全。过量施用农药还会导致农药挥发进入大气,加剧大气污染。

## （二）降低农产品品质，危害人体健康

长期过量施肥或偏施某种化肥，会造成作物营养失衡，作物体内部分物质转化合成受阻，降低农产品质量，如过量施用氮肥会造成作物贪青晚熟，加重病虫害的发生程度，降低瓜果蔬菜的含糖量和食用品质。过量施氮还会降低蔬菜和水果的耐储性。

农药的过量施用和低利用效率一方面造成了农作物体内农药残留超标，另一方面造成农药在土壤中的大量富集，降低了农田生态系统的稳定性。作物体内和土壤中残留的农药通过食物链传递，在农产品中积累，降低了农产品质量。人们在食用农残超标的农产品时，间接地摄入了农药，增加了食用风险。长期摄入可能会导致残留农药在人体内的积累，诱发各种疾病，影响人体健康。而农药挥发物会对人体呼吸道产生刺激，长期接触会引发呼吸道疾病。农药挥发物还可能对大气中的微生物产生不利影响，进一步加剧大气污染，影响人体健康。

## （三）造成土壤污染，破坏生态平衡

长期过量施肥会降低耕地生产性能，恶化土壤理化性状。长期过量施用化肥会降低土壤结构的稳定性，造成土壤容重增大和孔隙度减小，破坏土壤的水稳性结构，导致土壤紧实、耕性变差，土壤肥力衰退。长期过量施用氮肥会造成土壤酸化：氮肥施用后在土壤中转化为铵态氮，进而通过硝化作用转化为硝态氮，以硝酸盐的形式存在于土壤中。硝酸盐损失的时候，带走钙、镁等碱性离子，导致土壤酸化。另外，过量施用化肥还会导致土壤

重金属积累。磷肥富含重金属元素，过量施用磷肥会造成重金属在土壤中的累积，造成土壤重金属污染。有关资料表明，过量施磷会使土壤镉含量增长数十倍，造成土壤镉污染。有关研究显示，菜地土壤中重金属铜、汞、锌、镉等含量超标与化肥施用关系密切。微量元素肥料中重金属含量也比较高，长期施用也会造成重金属污染。

过量施用农药，尤其是在环境中分解慢毒性较高的农药，会使农药在土壤中慢慢积累，形成毒土。而毒土中生产的农产品会存在农残超标问题。毒土还会严重威胁生活在土壤中的动物和微生物，破坏土壤生态系统的平衡。过量施用农药还会给非靶标生物带来损害，致使物种减少甚至灭绝，破坏生物多样性。

有关资料统计，自19世纪中叶以来，全球平均气温增加了1.09℃，预测气温还会继续上升。在人类活动影响下，温室气体如二氧化碳、甲烷和氧化亚氮等大量排放，温室气体的大量增长超过了环境的承受力，造成全球变暖。过量施用氮肥会增加温室气体氧化亚氮的排放量，造成全球变暖问题加剧。

## 第二节　健康栽培的概念

2021年，生态环境部和农业农村部联合印发了《农业面源污染治理与监督指导实施方案（试行）》，明确指出了要以习近平生态文明思想为指导，认真贯彻落实党中央、国务院决策部署，深入打好污染防治攻坚战，以钉钉子精神推进农业面源污染防治。

到 2025 年，重点区域农业面源污染得到初步控制，农业生产布局进一步优化，化肥农药减量化稳步推进，规模以下畜禽养殖粪污综合利用水平持续提高，农业绿色发展成效明显；到 2035 年，重点区域土壤和水环境农业面源污染负荷显著降低，农业面源污染监测网络和监管制度全面建立，农业绿色发展水平明显提升。2023 年农业农村部为贯彻落实《中共中央 国务院关于做好二〇二三年全面推进乡村振兴重点工作的意见》部署，加快推进农业发展全面绿色转型，制定了《国家农业绿色发展先行区整建制全要素全链条推进农业面源污染综合防治实施方案》，让 2025 年探索形成农业面源污染综合防治整体解决方案、示范带动农业发展全面绿色转型有规可循，为全面推进乡村振兴、加快建设农业强国提供有力支撑。

这说明，为了实现农业绿色、健康、可持续发展，遵循国家和相关部委在面源污染防治和作物种植方面的新规定和新要求，必须改变靠化肥、农药大量投入来提高产出的传统、粗放的作物种植模式，实行化肥、农药投入更少、利用率更高、环境更友好的新型作物种植模式，而健康栽培模式成为当下作物种植的必然选择。

那么何为健康栽培？健康栽培是一种现代农业生产理念，它强调在作物生长过程中采取综合措施，以提高作物的抗逆性和产量，同时减少对化学农药和肥料的依赖，保护环境和食品安全。

健康栽培具有以下几个显著特点。

一是作物的抗逆能力显著提升。通过选择抗病虫品种，合理优化田间水肥条件、合理布置田间作物的栽植密度，构建田间良好的通风透光条件，优化农田生态环境，田间作物健康状况明显改善，抗逆能力显著提升。

二是化肥总体用量显著降低，土壤健康状况明显改善。通过平衡施肥、秸秆还田、有机肥施用、深翻土壤、豆科牧草作物轮作、休耕等技术措施，在作物种植经济效益不下降的前提下使土壤理化特性明显改善、化肥总体用量显著降低。

三是化学农药用量显著降低。采取种子筛选、种子包衣、播前药剂浸种等手段有效减少种传病虫害的发生。通过中耕除草、控制氮肥用量、平衡施肥、田间水分管理、清除病株残体等田间综合管理措施，减少和控制病虫草害的发生频次和程度。通过狠抓病虫草害防控的关键期、规范农药使用量和使用频次，有效减少病虫草害的发生和蔓延。通过喷施生物农药、利用天敌、拮抗微生物等生物手段控制病虫害。综合利用以上技术手段提高病虫草害的防控效率，显著降低化学农药的使用量。

四是农田生态系统健康稳定。通过轮作、间作、套种等方式，增加农业生态系统的多样性和稳定性。这一方面可以打破病虫害的循环链，减少病虫害的发生，另一方面通过轮茬，减轻了作物的化感作用，提高了作物的产量和质量。

健康栽培不仅关注作物的产量和质量，还注重环境保护和可持续发展，它是在减少化学投入的同时，提高作物的抗病性和综合效益，实现农业生产的绿色、可持续发展。

## 第三节  作物健康栽培的意义

### 一、健康栽培实现了作物产量和品质的同步提升

健康栽培通过为作物提供适宜的水分、养分、光照、通风等生长条件，使作物在一个相对健康、舒适的条件下生长，化肥、农药的使用种类、用量及使用时期也更加符合作物的生长需要，所产农产品的产量更高、农残更少、品质更好。

### 二、健康栽培实现了化肥、农药的合理减施和节本增效

健康栽培强调资源的有效利用，通过科学的施肥和灌溉方法，可以减少大量化肥的投入，节约大量的水资源，大幅避免水资源和肥料的浪费。通过合理的水肥管理、规范农药的使用等措施实现作物的健康生长，减少了病虫草害的发生和农药的使用量，在减少农残的同时实现了节本增效。

### 三、健康栽培减轻了农业污染，美化了环境

健康栽培通过化肥的合理减量施用、农药的规范化使用等措

施，在节省农资成本的同时，一方面减少了氮磷养分流失，减轻了地面径流和淋溶造成的河湖水体面源污染和地下水污染，另一方面减轻了土壤和水中的农药残留和污染，保护了环境。通过作物秸秆等农业废弃物的循环利用，减少了秸秆焚烧和胡乱堆积的情况，美化了农村人居环境。

## 四、健康栽培实现了农业可持续发展

健康栽培作为贯彻习近平生态文明思想的重要措施，实现了农药、化肥和水资源的科学、合理、规范化使用，在满足作物生长需求的同时减少了化肥、农药的投入量，节约了大量水资源。健康栽培在节省农资成本的同时减少了化肥、农药的流失和污染，实现了作物与环境的和谐共生。采用秸秆还田等技术手段，实现了农业废弃物的资源化利用和农业可持续发展。

# 第二章

# 作物健康栽培的探索与实践一

——水稻-花生-小麦两年三熟健康栽培模式研究

## 第一节　研究背景与意义

花生是我国主要的油料作物之一，是食品中重要的植物蛋白来源，也是重要的出口创汇作物。我国花生种植面积达502万公顷，总产达1 400余万吨，占世界年产量的60%以上。花生是连作障碍较重的作物。当前花生连作主要存在以下几个方面的问题：一是花生个体生长发育缓慢、植株矮小、结果数少、百果重低、产量下降等，且上述症状随连作年限的延长而加重；二是连作降低单株根瘤数量和固氮酶活性；三是连作造成花生果腐病、花生白绢病、蛴螬等土传病虫害连年发生。花生果腐病造成的产量损失达15%左右，重病田可绝收；花生白绢病病原菌齐整小核菌适应性强，在土壤中能存活多年；蛴螬不仅造成花生减产，还导致其品质变差、经济价值降低。受环境条件的影响和制约，土传病虫害发生隐蔽而且防控难，防治土传病虫害一直以来都是花生生产中的难题。当前的主要防控方法有选用抗耐病品种、药剂拌种及土壤药剂处理和灌根，但防治效果都不理想，且极易对花生产生药害和导致农残超标。因此，研发生态、安全、高效的地下病虫害防控技术是当前花生生产迫切需要解决的问题。

水旱轮作是指水稻、水生蔬菜等水生作物与旱作物轮换种植的一种耕作制度。水旱轮作不仅能改善土壤理化性状，活化土壤养分，还对土壤病虫害特别是土传病虫害具有明显的防控效果。当前，已有较多水旱轮作防控作物病虫害方面的研究报道，如洪文英等（2016）研究表明菜菱轮作对地下害虫防控效果十分突出；侯伟等（2015）研究认为白菜与水空心菜轮作、青菜与慈姑轮作可明显降低白菜软腐病和青菜根肿病的发生；郭靖等（2016）研究表明，在我国华南地区冬种马铃薯可有效减少翌年早稻田福寿螺的发生，福寿螺成螺、幼螺平均减退率分别达76.79%、70.83%；棉花与水稻轮作可大幅提高农田产出率，减轻害虫的危害。关于花生水旱轮作相关的报道多为科普性栽培技术，而对水旱轮作模式下土壤理化特性和土壤中农药污染物的变化特征、花生土传病虫害的发生特征及其机理尚未展开系统研究。

基于此，本研究针对山东花生产区因连年种植导致的病虫害加剧的现状，研究水旱轮作对土壤理化特性、花生土传病虫害、产量及其构成指标的影响，探索一种基于水旱轮作的健康栽培模式，以期为花生病虫害的绿色防控和山东花生产业的健康发展提供一定的数据支持。

## 第二节　材料与方法

### 一、材料

供试作物：花生品种为花育22，由山东高远花生科技有限公司提供；水稻品种为圣稻2572，由山东省水稻研究所提供；小麦品种为济麦22，由山东鲁研农业良种有限公司提供。

供试药剂：50%多菌灵（carbendazim）可湿性粉剂，由山东罗邦生物农药有限公司提供；50%氰戊·辛硫磷（phoxim）乳油，由河南省安阳市全丰农药化工有限责任公司提供。

## 二、方法

### （一）试验设计

田间试验于2014—2016年在山东省农业科学院饮马泉试验基地进行，土壤为砂壤土。根据山东花生主要种植模式和施药习惯，共设4个处理。

（1）水旱轮作不施药：5月10日水稻育秧，6月20日插秧，翌年6月15日种植花生，10月15日种植小麦，小麦收获后再种植水稻，花生生长全生育期不施药。

（2）水旱轮作减施药：作物种植顺序及种植日期同水旱轮作不施药处理，花生生长全生育期施药量为常规用量的60%。

（3）旱旱轮作常规施药：6月15日种植花生，10月15日种植小麦，翌年小麦收获后再种植花生，花生生长全生育期农药按常规用量施用。

（4）旱旱轮作不施药（CK）：作物种植顺序及种植日期同旱旱轮作常规施药处理，花生生长全生育期不施化学农药。

每个小区面积为6米×10米，随机区组排列。重复3次。

试验田中水稻、小麦的管理按常规进行。

花生常规栽培管理措施：起垄前均匀撒施花生专用肥1 125千

克/公顷（氮、磷、钾总含量≥21%），栽培过程中采用覆膜起垄种植，每垄2行，垄宽80厘米，行距32厘米，穴距16厘米。常规防控病虫害方法及药剂用量：播种前将花生种子质量0.4%的50%多菌灵可湿性粉剂和花生种子质量0.2%的50%辛硫磷乳油加适量水混匀后拌种，晾干种皮后播种。全苗后用50%多菌灵可湿性粉剂1 000倍液喷雾，药液用量为600千克/公顷。

### （二）不同轮作处理后土壤理化特征及土壤农残特征测定

试验开始前取0~20厘米土壤作为基础土样。每一季作物收获后取土，测定如下指标。

（1）土壤基本理化性状：土壤有机质、全氮、全磷、全钾含量，土壤速效氮、速效磷、速效钾含量，土壤pH。

（2）土壤中的农药污染成分的测定。根据GB 15618—2018《土壤环境质量 农用地土壤污染风险管控标准（试行）》，测定土壤中砷、六六六、滴滴涕的含量，并据此对土壤农药污染状况进行评价。

### （三）不同轮作处理后花生病虫害调查

本试验主要调查3种病虫害，包括花生果腐病、花生白绢病和地下害虫蛴螬。2015年8月15日采用对角线五点取样法，每点随机抽取80穴，取样深度约20厘米，调查病虫害严重度。取样时将整穴花生连根拔出，并捡拾残留在土壤中的花生，一并放入网袋中。

病害调查：2种病害的发生等级参考Shokes等（1998）的方

法并稍加修改：0 级为不发病；1 级为零星发病；2 级为危害面积小于等于总调查量的 1/4；3 级为危害面积大于总调查量的 1/4，小于等于总调查量的 1/2；4 级为危害面积大于总调查量的 1/2。

病情指数=∑（各级病株数×病级数）/

（调查总株数×最高病级数）×100

发病率=发病株数/调查总株数×100%

防治效果=（空白对照区平均发病率−水旱轮作或药剂

处理区平均发病率）/空白对照区平均发病率×100%

虫害调查：蛴螬危害的发生等级参考江玉萍等（2013）和李晓等（2016）的分级方法并稍加修改：0 级为荚果完整，无被害状；1 级为荚果表皮有被害痕迹；2 级为荚果有被害小洞，但果仁完整，不影响产量；3 级为荚果有被害大洞，果仁被害 1/2，影响产量；4 级为荚果、籽仁均被害 1/2 以上。

虫害指数=∑（各级受害株数×受害级数）/

（调查总株数×最高受害级数）×100

虫害率=受害株数/调查总株数×100%

防治效果=（空白对照区平均虫害率−水旱轮作或药剂处理区

平均虫害率）/空白对照区平均虫害率×100%

### （四）花生产量相关指标测定

2015 年于花生种植季成熟期每处理随机选取 10 株花生植株，重复 3 次，观察其性状，分别测定主茎高、株有效分枝数、株根瘤个数、株结果数、株饱果数、株果重、百仁重、出仁率等，每小区量取生长一致的 4 米$^2$ 收获花生荚果，待荚果晒干后称重，换算成标准含水量10%，计算产量。

## 三、数据分析

试验数据采用 Microsoft Excel 2003 和 SPSS 11.5 进行统计分析，用 Duncan 氏新复极差法进行差异显著性检验。

## 第三节　不同耕作模式对土壤理化特性的影响

花生连作或旱旱轮作易导致土壤微生物群落失衡、土壤酶活性下降、土壤养分比例失调等一系列问题。而水旱轮作既可以促进土壤有机质的矿化，又可以促进土壤缓效养分的矿化和释放。基于花生-小麦旱旱轮作（常规处理）和水稻-花生-小麦轮作（水旱轮作）两种耕作模式，开展了土壤理化特性和土壤农药污染特征方面的研究：一是开展了不同耕作模式对土壤有机质、土壤速效及全量养分含量等土壤理化特性方面的研究；二是开展了不同耕作模式和土壤中不同施药量对土壤中砷、六六六、滴滴涕等农药污染物含量的影响特征的研究。通过研究和比较分析，对各耕作模式下土壤理化特性和土壤中农药污染状况进行评价。

由表 2-1 可知，试验田基础肥力较高，特别是土壤磷、钾养分含量很高，但有机质含量较低，pH 值较高即土壤碱性较强。通过一年的田间试验，部分土壤理化指标发生显著变化：无论是常规处理还是还是水旱轮作，土壤氮水平均有所下降，相对而言，常规处理使土壤氮水平下降幅度更大;水旱轮作使土壤速效磷含量水平有所提高,常规处理对土壤速效磷水平无显著影响;水旱轮作降低了土壤速效钾含量,常规处理提高了土壤速效钾含量;两种耕作模式对土壤有机质含量无显著影响。

表2-1 不同耕作模式对土壤理化特性的影响

| 处理 | 全氮/(克/千克) | 全磷/(克/千克) | 全钾/(克/千克) | 速效氮/(毫克/千克) | 速效磷/(毫克/千克) | 速效钾/(毫克/千克) |
|---|---|---|---|---|---|---|
| 2014/04 基础土样 | 1.23a | 1.11a | 26.98ab | 73.70a | 113.21b | 173.35b |
| 2014/11 常规处理 | 0.89c | 1.10a | 26.78b | 61.68c | 113.70b | 201.58a |
| 2014/11 水旱轮作 | 0.96b | 1.12a | 27.55a | 71.10b | 121.20a | 137.68c |
| 处理 | 有机质/(克/千克) | pH值 | 砷/(毫克/千克) | 六六六/(毫克/千克) | 滴滴涕/(毫克/千克) | |
| 2014/04 基础土样 | 18.35a | 8.40a | 9.35a | 0 | 0 | |
| 2014/11 常规处理 | 17.95a | 8.26b | 8.67a | 0 | 0 | |
| 2014/11 水旱轮作 | 18.35a | 8.27b | 8.58a | 0 | 0 | |

注:同列中不同字母表示在0.05水平上差异显著。

这说明,水旱轮作有利于促进土壤中氮、磷养分的矿化与释放,但短期内对土壤有机质影响不大。花生常规处理和水旱轮作模式均使土壤pH值有所减小。

经土壤化验分析表明,土壤中未检出六六六和滴滴涕,砷含量也只有9毫克/千克左右,符合一级土壤环境质量标准(土壤砷含量≤15毫克/千克),这说明,当前试验田土壤尚未受到上述3

种农药的污染。

## 第四节 不同轮作模式对花生产量的影响

### 一、不同轮作模式下花生产量及其构成特征

由表2-2可知，水旱轮作不施药处理较旱旱轮作常规施药处理株结果数、株果重和产量分别显著降低15.03%、12.14%和6.33%，但株饱果数、出仁率等产量构成相关性状分别显著提高13.88%、3.01%；水旱轮作减施药处理较旱旱轮作常规施药处理株结果数、株果重、产量、百仁重和出仁率均无显著差异，但株饱果数显著提高14.33%；旱旱轮作常规施药处理在株结果数、株果重和产量方面表现优于其他处理，但在株饱果数、百仁重、出仁率等品质相关性状方面表现较差。对照CK处理的各项指标均表现较差。

刘桢（2014）研究发现，与红壤旱地相比，水旱轮作地荚果产量要高出18.1%~72.3%，籽仁产量高出19.3%~76.7%，且总分枝数、荚果饱满程度都优于红壤旱地。与著者的本研究结果类似，即水旱轮作处理株饱果数、百仁重、出仁率等产量结构指标均优于常规施药处理，说明水旱轮作有利于花生产量结构的改善和外观品质的提升。本研究中水旱轮作处理在株有效分枝数、株结果数、株果重和亩产量等方面表现要稍差于常规施药处理，与

刘桢（2014）的结论存在差异，这可能是由于本试验水旱轮作时间较短，其改土肥田效应还未完全显现出来，也可能与二者试验地土壤、气候等条件差异有关，具体原因还有待于进一步研究。

表 2-2　不同轮作模式对花生产量及其构成因素的影响

| 处理 | 株结果数 | 株饱果数 | 株果重/克 |
| --- | --- | --- | --- |
| 水旱轮作不施药 | 19.61±0.59b | 17.56±0.92a | 21.21±1.03b |
| 水旱轮作减施药 | 21.00±0.88ab | 17.63±0.67a | 22.50±1.09ab |
| 旱旱轮作常规施药 | 23.08±1.23a | 15.42±0.42c | 24.14±1.39a |
| CK | 18.62±0.45b | 16.42±0.51b | 18.93±1.04c |
| 处理 | 百仁重/克 | 出仁率/% | 产量/（吨/公顷） |
| 水旱轮作不施药 | 75.78±2.22a | 72.79±1.19a | 4.88±0.31b |
| 水旱轮作减施药 | 72.04±3.92ab | 72.12±0.52ab | 5.04±0.60ab |
| 旱旱轮作常规施药 | 70.01±1.14ab | 70.66±0.55b | 5.21±0.30a |
| CK | 68.45±1.01b | 71.54±1.46ab | 4.07±0.40c |

注：表中数据为平均数±标准差。同列不同字母表示经 Duncan 氏新复极差法检验在 $P<0.05$ 水平差异显著。

## 二、不同轮作模式下花生部分生理指标表现

在各种轮作模式中，水旱轮作不施药处理与旱旱轮作常规施药处理相比，主茎高无显著差异，株有效分枝数显著降低 12.94%，株根瘤个数显著提高 166.22%；水旱轮作减施药处理与旱旱轮作常规施药处理相比，株有效分枝数降低 9.85%，株根瘤

个数显著提高 122.97%；旱旱轮作常规施药处理的株有效分枝数较其他处理显著提高，株根瘤个数显著降低（表 2-3）。

表 2-3 不同轮作模式下花生部分生长指标比较

| 处理 | 主茎高/厘米 | 株有效分枝数 | 株根瘤个数 |
| --- | --- | --- | --- |
| 水旱轮作不施药 | 46.67±2.13a | 7.60±0.57b | 9.85±0.81a |
| 水旱轮作减施药 | 48.60±1.76a | 7.87±0.33b | 8.25±0.73ab |
| 旱旱轮作常规施药 | 47.70±3.24a | 8.73±0.32a | 3.70±0.55c |
| CK | 44.93±1.41b | 7.63±0.47b | 7.38±0.43b |

注：表中数据为平均数±标准差。同列不同字母表示经 Duncan 氏新复极差法检验在 $P<0.05$ 水平差异显著。

周克瑜等（1998）研究认为，由于根瘤菌的繁殖和生存需要氧气，水旱轮作减少了土壤中的氧气含量，会减弱根瘤菌的活动和固氮能力。而本试验结果表明，水旱轮作没有减弱根瘤菌的活动能力，反而促进了根瘤菌的繁殖，提高了其生存能力。原因可能有两个方面：一是水旱轮作处理减少了农药的施用量，改善了根瘤菌的繁殖生存环境；二是水旱轮作通过种植水稻形成厌氧环境，消除还原有毒物质，本研究所用土壤为旱地土壤，尚未形成犁底层，无法长期保水，水稻季采取的灌水方式为间歇式灌水，土壤中形成的短期厌氧环境未对根瘤菌的生存构成不良影响。

## 第五节 不同轮作模式对花生病虫害的影响

土传病虫害是连作障碍中最主要的因子。花生连作（或旱旱轮作）使花生荚果腐败病、蛴螬等土传病虫危害加重。水旱轮作可通过一季水作，使好氧性病原菌和地下害虫失去生存和繁殖空间，减轻其对花生的危害程度。现介绍不同耕作制度模式下花生地下病虫害的发病种类、发病规律、发病程度等方面的研究成果。

## 一、不同轮作模式下花生果腐病的发病特征

由表2-4可知，不同轮作模式下花生果腐病的发病特征存在显著差异。其中水旱轮作不施药处理发病最轻，病情指数和发病率较对照CK处理分别显著降低90.40%和96.55%，防控效果达96.34%；其次是水旱轮作减施药处理，其病情指数和发病率较对照CK处理分别降低78.93%和81.49%，防控效果达81.49%；旱旱轮作常规施药处理病情指数和发病率分别较对照CK处理提高208.75%和175.14%。

表2-4 不同轮作模式下花生果腐病的发病特征

| 处理 | 各发病等级株数 | | | | | 发病率/% | 病情指数 | 防控效果/% |
|---|---|---|---|---|---|---|---|---|
|  | 0级 | 1级 | 2级 | 3级 | 4级 |  |  |  |
| 水旱轮作不施药 | 82.0 | 0.0 | 0.0 | 0.2 | 0.2 | 0.53±0.31c | 0.48±0.21c | 96.34 |
| 水旱轮作减施药 | 72.4 | 1.4 | 0.6 | 0.0 | 0.2 | 2.68±1.41c | 1.06±0.22c | 81.49 |
| 旱旱轮作常规施药 | 60.0 | 27.0 | 9.2 | 4.4 | 2.4 | 39.84±8.26a | 15.53±3.12a | -175.14 |
| CK | 78.8 | 10.2 | 3.6 | 0.6 | 0.6 | 14.48±5.38b | 5.03±0.14b | — |

注：表中数据为平均数±标准差。同列不同字母表示经Duncan氏新复极差法检验在$P<0.05$水平差异显著。

轮作是我国农业生产中最主要的一种种植模式，其具有调节土壤肥力、均衡利用土壤养分、防治病虫草害等作用。水旱轮作

能改善土壤的通气性，消除还原有毒物质，有利于微生物的繁殖活动，增加土壤微生物的数量和活性。洪文英等（2016）研究显示，水旱轮作在防治作物地下病虫害方面效果显著。本研究也得出类似结果，水旱轮作模式对花生果腐病防控效果高达96.34%，发病率控制在3%以下，明显优于常规施药处理，这可能是该模式通过栽种水稻在土壤中创造了厌氧环境，而镰孢菌等诱发花生果腐病的病菌多为好氧菌，无法在厌氧环境中长期生存。本研究中常规施药处理对果腐病的防控无效果，说明化学药剂多菌灵无法抑制镰孢菌的生存和繁殖。

## 二、不同轮作模式下花生白绢病的发病特征

不同轮作模式下花生白绢病均发病较轻。水旱轮作不施药、水旱轮作减施药和旱旱轮作常规施药处理花生白绢病的病情指数和发病率均高于对照CK处理，但未达到显著性水平，说明水旱轮作处理对花生白绢病无防控效果（表2-5）。

表2-5 不同轮作模式下花生白绢病的发病特征

| 处理 | 各发病等级株数 | | | | | 发病率/% | 病情指数 | 防控效果/% |
|---|---|---|---|---|---|---|---|---|
| | 0级 | 1级 | 2级 | 3级 | 4级 | | | |
| 水旱轮作不施药 | 82.0 | 2.6 | 0.2 | 0.0 | 0.0 | 2.97±0.65a | 0.80±0.17a | -158.26 |
| 水旱轮作减施药 | 72.4 | 3.0 | 0.0 | 0.2 | 0.0 | 3.26±0.68a | 0.95±0.37a | -183.48 |
| 旱旱轮作常规施药 | 103.0 | 2.2 | 0.4 | 0.0 | 0.0 | 2.33±0.19a | 0.67±0.11a | -102.61 |
| CK | 88.4 | 1.4 | 0 | 0.0 | 0.0 | 1.15±0.22a | 0.52±0.06a | — |

注：表中数据为平均数±标准差。同列相同字母表示经Duncan氏新复极差法检验在$P<0.05$水平差异不显著。

本试验中，水旱轮作处理和常规施药处理对花生白绢病均无防控效果，可能是由于诱发花生白绢病的病原菌齐整小核菌对厌氧环境不敏感，多菌灵对它也没有防控效果。

## 三、不同轮作模式下花生蛴螬危害的特征

不同轮作模式下花生遭受蛴螬的危害存在显著差异（表2-6）。危害最严重的是对照CK；经水旱轮作不施药处理和水旱轮作减施药处理后蛴螬的虫害率和虫害指数较对照CK处理显著降低，对蛴螬的防控效果分别为63.80%和65.50%；旱旱轮作常规施药处理受蛴螬的危害较轻，其防控效果为66.20%。

表2-6 不同轮作模式下花生蛴螬危害的特征

| 处理 | 各虫害等级株数 | | | | | 虫害率/% | 虫害指数 | 防控效果/% |
|---|---|---|---|---|---|---|---|---|
| | 0级 | 1级 | 2级 | 3级 | 4级 | | | |
| 水旱轮作不施药 | 80.2 | 3.8 | 0.2 | 1.2 | 0.4 | 3.62±0.45b | 2.10±0.20b | 63.80 |
| 水旱轮作减施药 | 87.4 | 1.2 | 1.0 | 0.6 | 0.0 | 3.45±0.15b | 1.59±0.51b | 65.50 |
| 旱旱轮作常规施药 | 103.0 | 4.0 | 0.2 | 0.2 | 1.0 | 3.38±1.42b | 1.30±0.36b | 66.20 |
| CK | 63.8 | 2.4 | 1.0 | 4.0 | 4.6 | 10.00±0.42a | 6.51±0.58a | — |

注：表中数据为平均数±标准差。同列不同字母表示经Duncan氏新复极差法检验在$P<0.05$水平差异显著。

孙天福等（1993）研究表明，水稻-花生轮作可明显降低蛴螬的危害程度，这与本研究中水旱轮作处理对地下害虫蛴螬具有较好的防控效果的结论一致，可能因为水旱轮作模式水稻季通过灌

水形成保水层在土壤中创造了短期的厌氧环境，对蛴螬种群生存不利。

## 第六节 主要结论

针对连年种植导致的花生地下病虫害发生严重、危害大、损失重，一般化学药剂防控效果有限，难以根除，且易造成土壤污染的现状，本试验以水旱轮作为基础，创造性地提出了水稻-花生-小麦两年三熟轮作制度这一健康栽培模式，该模式旨在采用物理方法（淹水）防控花生地下病虫害。结果表明，该模式不但对花生荚果腐败病、地下害虫蛴螬具有显著的防控效果，而且促进了土壤中氮、磷养分的矿化与释放，同时该模式下花生株饱果数、百仁重、出仁率均显著提高，产量构成和经济价值显著提升。综合以上分析，水稻-花生-小麦轮作配合减施农药的轮作模式有效防控了花生地下病虫害，减少了农药的投入，减轻了环境污染，提高了花生的经济价值，实现了节本增效，是一种值得推广的健康栽培模式。

# 第三章

# 作物健康栽培的探索与实践二

## ——水稻黑条矮缩病综合防控技术研究

# 第一节 研究背景与意义

水稻黑条矮缩病是由水稻黑条矮缩病毒（rice black-streaked dwarf virus，RBSDV）侵染引起的病毒病，病状表现为：植株矮缩，分蘖增加，叶片矮而僵直，叶色浓绿；叶背的叶脉和茎秆上出现蜡白色斑点，后变成黑褐色的短条瘤状隆起；不抽穗或穗小，结实不良，对产量影响很大，发病重的田块甚至会绝产绝收。RBSDV 还可引起玉米粗缩病、小麦绿矮病，也能侵染多种禾本科杂草。研究表明，玉米粗缩病和水稻黑条矮缩病病原同属水稻黑条矮缩病毒。

我国水稻黑条矮缩病最早于 1963 年在浙江省发生，20 世纪 60 年代中期和 90 年代在浙江、上海、江苏等省市发生 2 次大流行。2005 年以来，该病在江苏、山东等稻区点片发生，以后呈明显的上升趋势。2009 年起在鲁西南地区大发生，2011 年济宁滨湖稻区水稻黑条矮缩病大暴发，传统方法种植病田率接近 100%，发病田块一般减产 30% 以上，严重地块甚至绝产，仅鱼台县绝产地块就达 2 万余亩。水稻黑条矮缩病已成为山东及黄淮稻区的主要病害之一，造成极大的产量损失。

灰飞虱（*Caodelphax striatellus*）是水稻黑条矮缩病毒的主要传播介质。随着灰飞虱越冬带北移和保护地栽培面积的增加，2008 年以来，山东稻区，尤其是鲁南、鲁西南麦茬稻区水稻灰飞虱持续大发生，部分地区密度之高，属历史罕见，水稻黑条矮缩病的发病率和危害程度逐年加重。据调查，2009年济宁市稻茬麦田一般每平方米有灰飞虱150~200头，多的高达500头以上，发生面积达70余万亩。2012年小麦产业创新团队调查表明一代灰飞虱大发生，济宁稻茬麦田每平方米多达4 500头。随着小麦黄熟，灰飞虱大量向秧田迁移危害，秧苗染毒后在大田发病。

传毒介质灰飞虱发生量大，带毒率高。2009年以来，灰飞虱带毒率居高不下（据山东农业大学植保学院测定，带毒率为16.67%~50%）。当前生产上应用的水稻品种普遍发病。没有一个正在推广的粳稻品种能高抗黑条矮缩病。水稻条纹叶枯病也是灰飞虱传播的病毒病，来自籼稻抗原Modan的$Stv-bi$基因的育种应用对条纹叶枯病的控制起到了重要作用。截至目前，虽然国内外科研机构进行了大规模的种质筛选，部分品种发病率较低，但进一步鉴定表明与抗虫、侵染不充分有关，目前尚未筛选到高抗黑条矮缩病种质，也没有关于特效防病药剂的报道。

针对水稻黑条矮缩病发生和危害严重、目前尚无明确抗原和有效化学药剂的现状，我们主要开展了以下几方面的工作：研究灰飞虱和水稻黑条矮缩病的发生规律，完善水稻灰飞虱和水稻黑条矮缩病的预测预报技术，筛选适合鲁南、鲁西南稻区应用的中早熟品种，研究防虫网隔离育秧技术、盘育机插秧技术、减密减氮育秧技术及秧田期和分蘖期灰飞虱高效防治等技术，旨在集成一种以品种更新和种植方式创新为核心，高效防控水稻黑条矮缩病的综合健康栽培模式，用于指导示范和大面积水稻生产，控制水稻黑条矮缩病的危害，为山东水稻安全生产提供技术支撑。

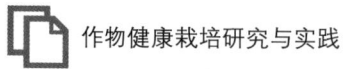

## 第二节 灰飞虱防控预警技术

研究灰飞虱年生活史、迁飞传毒规律、测报预警技术等，可以建立完善的灰飞虱、水稻黑条矮缩病发生测报系统。开展的工作主要包括灰飞虱的年生活史、发育起点温度、有效积温、耐寒性、空间分布型等生物学特性研究。

### 一、灰飞虱年生活史调查

据田间系统调查和饲养观察，灰飞虱在山东稻区每年发生5代，详见表3-1。其中，越冬代若虫在3月上旬开始活动，3月下旬至4月中旬为盛期，主要危害稻茬麦，4月下旬羽化出成虫；4月下旬至5月上旬为一代卵盛期，5月中下旬为一代若虫盛期，5月下旬至6月上旬为一代成虫盛期；6月上旬为二代卵盛期，6月中旬至7月中旬为二代若虫盛期，7月下旬为二代成虫盛期；7月下旬至8月上旬为三代卵盛期，三代若虫发生在8上中旬，三代成虫发生在8月下旬；9月上旬为四代卵盛期，四代若虫发生在9月上旬至下旬，10月上中旬为四代成虫发生期；五代卵盛期在10月中旬，五代若虫在11月下旬进入越冬期。

表 3-1 灰飞虱年生活史调查表

| 代次 | 3月上 | 3月中 | 3月下 | 4月上 | 4月中 | 4月下 | 5月上 | 5月中 | 5月下 | 6月上 | 6月中 | 6月下 | 7月上 | 7月中 | 7月下 | 8月上 | 8月中 | 8月下 | 9月上 | 9月中 | 9月下 | 10月上 | 10月中 | 10月下 | 11月上 | 11月中 | 11月下 |
|---|---|---|---|---|---|---|---|---|---|---|---|---|---|---|---|---|---|---|---|---|---|---|---|---|---|---|---|
| 越冬代 |  | — | — | — | — |  |  |  |  |  |  |  |  |  |  |  |  |  |  |  |  |  |  |  |  |  |  |
| 一代 |  |  |  |  |  | + | + |  |  |  |  |  |  |  |  |  |  |  |  |  |  |  |  |  |  |  |  |
|  |  |  |  |  |  | # | # | # |  |  |  |  |  |  |  |  |  |  |  |  |  |  |  |  |  |  |  |
|  |  |  |  |  |  |  |  |  | — | — |  |  |  |  |  |  |  |  |  |  |  |  |  |  |  |  |  |
| 二代 |  |  |  |  |  |  |  |  | + | + |  |  |  |  |  |  |  |  |  |  |  |  |  |  |  |  |  |
|  |  |  |  |  |  |  |  |  |  | # | # |  |  |  |  |  |  |  |  |  |  |  |  |  |  |  |  |
|  |  |  |  |  |  |  |  |  |  |  |  | — | — |  |  |  |  |  |  |  |  |  |  |  |  |  |  |
| 三代 |  |  |  |  |  |  |  |  |  |  |  |  | + | + |  |  |  |  |  |  |  |  |  |  |  |  |  |
|  |  |  |  |  |  |  |  |  |  |  |  |  |  | # | # |  |  |  |  |  |  |  |  |  |  |  |  |
|  |  |  |  |  |  |  |  |  |  |  |  |  |  |  |  | — |  |  |  |  |  |  |  |  |  |  |  |
| 四代 |  |  |  |  |  |  |  |  |  |  |  |  |  |  |  | + | + |  |  |  |  |  |  |  |  |  |  |
|  |  |  |  |  |  |  |  |  |  |  |  |  |  |  |  |  | # | # | # |  |  |  |  |  |  |  |  |
|  |  |  |  |  |  |  |  |  |  |  |  |  |  |  |  |  |  |  |  | — |  |  |  |  |  |  |  |
| 五代 |  |  |  |  |  |  |  |  |  |  |  |  |  |  |  |  |  |  |  |  | + | + |  |  |  |  |  |
|  |  |  |  |  |  |  |  |  |  |  |  |  |  |  |  |  |  |  |  |  |  | # | # |  |  |  |  |
|  |  |  |  |  |  |  |  |  |  |  |  |  |  |  |  |  |  |  |  |  |  |  |  | — | — | — | — |

注：卵为#，若虫为—，成虫为+；五代即越冬代。

## 二、不同温度下灰飞虱各虫态历期

将光照培养箱分别设定为 15℃、20℃、25℃、28℃、30℃，恒温条件下饲养。将灰飞虱雌雄成虫放入试管内，每试管中放入 2~3 棵水稻苗，滴入少量的水，用湿棉球塞好，然后将试管放入光照培养箱内，以测定各虫态不同温度下发育历期。每处理试管 5 支，每支内放雌雄成虫各一头，视情况更换新鲜稻苗，保证灰飞虱有充足的食源；每日 6:00、12:00、18:00 和 24:00 各观察一次，成虫产下第一块卵后（每试管内保留卵 10 粒以上），将雌雄成虫移出，观察各个温度条件下的卵、各龄若虫发育历期及成虫产卵前期。

根据饲养观察（表 3-2），在 15℃、20℃、25℃、28℃、30℃ 条件下，完成 1 个世代的历期分别为 66.1 天、52.8 天、32.7 天、25.9 天、26.3 天。温度在 15~30℃ 时，发育历期随温度的升高而缩短，温度升高，发育速率加快，发育速率同温度呈正相关；大于 30℃ 恒温条件下，若虫发育减缓，历期反而延长。

表 3-2 灰飞虱在不同温度下各虫态历期　　　　单位：天

| 温度 | 卵期 | 若虫期 | 成虫产卵前期 | 全世代历期 |
| --- | --- | --- | --- | --- |
| 15℃ | 16.5 | 35.8 | 13.8 | 66.1 |
| 20℃ | 12.1 | 29.5 | 11.2 | 52.8 |
| 25℃ | 6.7 | 20.7 | 5.3 | 32.7 |
| 28℃ | 5.8 | 15.4 | 4.7 | 25.9 |
| 30℃ | 5.0 | 16.3 | 5.0 | 26.3 |

## 三、灰飞虱消长规律调查

2011年在济宁市农业科学研究院（距离稻区10千米以上）旱作小麦田系统调查，在4月20日前未调查到灰飞虱的成虫、若虫，当日调查到长翅型成虫，5月25日成虫开始增多，6月5日成虫数量达每平方米87.5头，6月10日成虫达98头，随后数量下降；稻茬小麦田在5月20日灰飞虱一代成虫所占比例为2.0%；5月25日为13.8%；5月30日为17.0%；成虫比数增长较慢，说明成虫不断向外迁飞扩散。

2012年4月15日前未调查到灰飞虱的成虫、若虫，当日调查到长翅型成虫，5月28日成虫开始增多，6月5日成虫数量达每平方米72头，6月9日成虫数量开始下降；稻茬麦田在5月15日灰飞虱一代成虫所占比例为2.0%；5月20日为2.0%；5月27日为9.2%；5月31日为15.8%，跟2011年类似，成虫比数增长很慢。

2013年4月29日前未调查到成虫、若虫，当日见1头长翅型成虫，以后开始增多，6月5日进入盛期。在邹城市太平镇、北宿镇、千泉等地（距稻区40千米以上）系统调查结果与上述情况基本一致。调查结果显示，在稻茬小麦田，5月24日灰飞虱一代成虫所占比例为5.7%；5月28日为6.7%，成虫比数增长依然很慢。

通过2011—2013年系统调查结果表明，灰飞虱成虫从稻茬麦田在不断向外地迁飞（扩散），而旱作麦田和玉米田中的灰飞虱成虫在不断增加，证明旱作麦田和玉米田中的灰飞虱是由稻茬麦田迁飞（扩散）而来。

根据 2011—2013 年冬前和早春调查结果，灰飞虱在稻茬麦田越冬数量很大，在稻区沟渠、路边等特殊环境中也能看到灰飞虱，但数量较少；旱作麦田和路边、沟渠等特殊环境，在秋季和早春基本看不到越冬若虫和成虫。

根据本地稻茬麦田系统调查，菏泽、泰安、临沂等地定点调查及河北、天津、辽宁等省市调查结果综合分析表明：本地稻茬麦田越冬代和一代灰飞虱成虫向周围旱作麦田、玉米田、水稻秧田迁飞扩散；一代灰飞虱成虫随气流向北迁飞越夏，9 月中下旬随气流迁回山东省水稻田繁殖，在稻茬麦田越冬。

## 四、发生程度分级标准

农作物病虫害的发生程度分为 5 级：1 级为小发生，农作物减产损失率 5% 以下，根据回归方程，计算出相应的小麦灰飞虱单株虫量为 7 头及以下；5 级为大发生，减产损失率 25% 以上，相应的单株虫量为 24 头以上。

根据 3 年的田间试验结果，确定稻茬麦田灰飞虱的发生程度分级标准如下。

1 级：小发生，单株虫量 5~7 头。

2 级：中等偏轻发生，单株虫量 8~12 头。

3 级：中等发生，单株虫量 13~17 头。

4 级：中等偏重发生，单株虫量 18~24 头。

5 级：大发生，单株虫量 >24 头。

## 五、防控预警

采用大田普查与定点调查相结合的方法,系统调查了越冬代灰飞虱基数、一代卵量、天敌等,并进行了灰飞虱带毒率检测,为灰飞虱及水稻黑条矮缩病的预测奠定基础。

### (一) 发生期的预测

回归法:选择越冬代灰飞虱若虫龄期所占比率、3月平均气温等因子,用DPS软件进行处理,建立预测式。

预测式:

$$Y_1 = 42.891\,58 - 0.127\,51X_1 - 0.506\,63X_2 \tag{1}$$

式中,$Y_1$为一代成虫初盛期(为5月1日向后推算的天数);$X_1$为越冬4龄若虫占比率%;$X_2$为3月平均气温;相关系数$R=0.992\,376$;$P<0.000\,1$。

### (二) 发生量的预测

选择冬前基数,1月和2月的平均气温、降水等因子,应用DPS软件,用逐步回归筛选预测因子,建立预测式,预测一代灰飞虱成虫密度(头/米$^2$)。

预测式:

$$Y_2 = 65.818\,630\,9 + 30.970\,482\,704X_3 \tag{2}$$

式中,$Y_2$为一代成虫密度;$X_3$为越冬灰飞虱基数;相关系数$R=0.999\,91$;$P<0.000\,001$。

应用预测式对 2012 年和 2013 年灰飞虱的发生量和发生期进行预测，预测结果与实际发生完全相符。

### (三) 水稻黑条矮缩病经济阈值及防治指标的确定

设 40 目防虫网育秧与常规育秧 2 个处理，本田各设 5 次重复，随机排列，调查时每小区五点取样，调查病墩率、病株率。在水稻成熟期，按照山东省测产验收方法，每小区五点取样，每点调查 20 墩的穗数，查平均墩的单穗粒数，晒干后测千粒重，计算水稻亩产量。产量损失率和对应的病墩率详见表 3-3。利用 DPS 软件计算不同病墩率和损失率回归方程，找出经济阈值，确定防治指标。水稻黑条矮缩病经济允许损失率为 2.14%，其相应防治指标为病墩率 3.54%。

表 3-3 水稻黑条矮缩病产量损失测定

| 处理 | 重复 | 病墩率/% | 亩穗数/万穗 | 穗粒数/粒 | 千粒重/克 | 亩产量/千克 | 损失率/% |
|---|---|---|---|---|---|---|---|
| 常规育秧 | 1 | 43 | 11.94 | 129.26 | 24.70 | 381.21 | 41.01 |
|  | 2 | 44 | 11.63 | 131.31 | 24.20 | 369.57 | 41.71 |
|  | 3 | 59 | 10.86 | 114.18 | 24.60 | 310.06 | 57.51 |
|  | 4 | 57 | 10.80 | 113.11 | 24.40 | 298.07 | 55.00 |
|  | 5 | 76 | 9.01 | 79.97 | 24.90 | 179.41 | 73.28 |
| 防虫网育秧 | 1 | 0 | 18.04 | 142.20 | 25.20 | 646.27 | 0 |
|  | 2 | 0 | 21.02 | 115.57 | 26.10 | 634.04 | 0 |
|  | 3 | 0 | 21.61 | 131.38 | 25.70 | 729.65 | 0 |
|  | 4 | 0 | 20.11 | 128.67 | 25.60 | 662.40 | 0 |

发生程度分级标准：1级病墩率为3.5%~6.0%；2级病墩率为6.1%~13.0%；3级病墩率13.1%~20.0%；4级病墩率20.1%~26.0%；5级病墩率大于26.0%。

## 第三节 抗（耐）病、抗虫品种筛选

选择水稻品种（品系）抗性鉴定材料820份，筛选灰飞虱抗性材料2份，搜集黄淮稻区主栽品种，于2012年和2013年开展品种筛选试验，分蘖盛期调查水稻黑条矮缩病发病率，筛选抗原品种。筛选出适于机插秧、对水稻黑条矮缩病（或灰飞虱）抗性较强的品种（品系）9个，分别为圣稻16、圣稻14、大粮203、圣稻172、徐稻3号、苏秀867、阳光200、苏秀10号和新稻20。表3-4为2012年试验结果，表3-5为2013年试验结果。

表3-4 不同水稻品种黑条矮缩病发病率（2012年）

| 品种 | 发病率/% |
| --- | --- |
| 大粮202 | 6.63 |
| 圣稻974、临稻18、圣稻145 | 3.01~5.60 |
| 圣稻13、临稻17、临稻10号、中稻1号 | 2.41 |
| 苏秀10号、圣稻2572、圣稻068、圣稻17、圣稻15 | 1.81 |
| 临稻16、新稻20、阳光600 | 1.20 |
| 圣稻14、大粮203、圣稻172 | 0.60 |
| 圣稻16 | 0 |

表3-5　黄淮区不同品种水稻黑条矮缩病发病率及产量性状分析（2013年）

| 品种 | 发病率/% | 稻谷产量/（吨/公顷） |
| --- | --- | --- |
| 金粳18 | 2.56±0.47a | 7.42±0.56c |
| 香粳9407 | 2.22±0.38ab | 4.72±0.54h |
| 临稻10 | 1.89±0.38abc | 6.93±0.13cd |
| 临稻18 | 1.78±0.24abc | 5.95±0.16ef |
| 盐丰47 | 1.67±0.33abcd | 3.95±0.22i |
| 津粳253 | 1.56±0.00abcde | 5.86±0.28ef |
| 阳光600 | 1.56±0.38abcde | 3.66±0.08i |
| 中稻1号 | 1.33±0.33bcde | 6.92±0.87cd |
| 大粮202 | 1.22±0.24bcde | 7.21±0.25c |
| 临稻19 | 1.11±0.19bcde | 5.55±0.57fg |
| 圣稻17 | 1.00±0.33cde | 6.61±0.35cde |
| 圣稻15 | 1.00±0.58cde | 6.36±0.61def |
| 临稻16 | 0.89±0.19cde | 5.00±0.07gh |
| 津稻263 | 0.78±0.27cde | 6.58±0.21cde |
| 大粮203 | 0.78±0.47cde | 6.89±0.12cd |
| 新稻20* | 0.78±0.38cde | 9.10±0.14a |
| 苏秀10号* | 0.78±0.38cde | 8.33±0.09b |
| 阳光200 | 0.56±0.24de | 5.90±0.51ef |
| 苏秀867 | 0.56±0.24de | 6.79±0.09cd |
| 徐稻3号 | 0.44±0.18e | 6.77±0.41cd |

注：表中数据为平均数±标准差。同一列不同小写字母表示经Duncan氏新复极差法检验在$P<0.05$水平差异显著。*代表该品种在抗病和稻谷产量性状方面均较好。

# 第四节　麦田带毒虫源控制技术

## 一、稻茬麦改撒播为旋耕后播种

黄淮稻茬麦播种方式大多为带稻撒播，十分有利于灰飞虱在寄主间转移和繁殖。另外，水稻稻桩是灰飞虱越冬的适期场所，直接撒播小麦，不能有效破坏稻桩、杂草等越冬场所。旋耕后播种，可起到机械杀虫与减少越冬场所的双重效果，防治灰飞虱效果显著。2012 年调查表明，未耕翻撒播的稻茬麦田，平均灰飞虱数量为 7.07 万头/亩，耕翻后播种的稻茬小麦田仅 0.23 万头/亩。耕翻后播种的稻茬麦田灰飞虱数量仅为不耕翻撒播的稻茬麦田灰飞虱数量的 3.25%，详见表 3-6。

表 3-6　带稻撒播与旋耕后播种的麦田灰飞虱虫量调查表（2012 年）

| 调查地点 | 种植方式 | 调查点数 | 平均虫量/（头/亩） |
| --- | --- | --- | --- |
| 鱼台谷亭齐圣堂 | 旋耕后播种 | 27 | 5 781 |
| 鱼台谷亭齐圣堂 | 带稻撒播 | 27 | 57 362 |
| 鱼台唐马张庄 | 旋耕后播种 | 9 | 667 |
| 鱼台唐马张庄 | 带稻撒播 | 11 | 132 612 |
| 鱼台唐马后付 | 旋耕后播种 | 27 | 2 890 |
| 鱼台唐马后付 | 带稻撒播 | 18 | 62 698 |
| 丰县沙庄 | 旋耕后播种 | 9 | 0 |
| 丰县沙庄 | 带稻撒播 | 9 | 30 015 |

## 二、麦田灰飞虱高效防控技术

在"控麦田,压基数"的灰飞虱防控指导原则下,我们对小麦"一喷三防"技术进行了改进,在杀虫剂、杀菌剂、植物生长调节剂、叶面肥、微肥等混配剂的基础上加入了灰飞虱高效防治药剂。研究表明,改进后的技术,不仅能防病虫害、防干热风、防倒伏,而且对一代灰飞虱有良好的防控效果。调查结果表明,虽然2012年撒播麦田越冬虫源与大发生的2009年相近,但由于小麦穗期普遍实行了麦田灰飞虱高效防控技术,残虫量仅为2011年的23.8%。

## 第五节 防虫网隔离育秧技术

水稻采用防虫网育秧是防止灰飞虱危害秧苗和传播水稻黑条矮缩病的有效措施。实行防虫网育秧具有防病效果好、节约农药、减少用工和环境污染、提高农产品质量等优点,综合效益显著,可有效预防水稻黑条矮缩病等病毒病的发生。

济宁市任城区喻屯镇、鱼台县王鲁乡、王庙镇古李村、嘉祥县金屯镇采用秧田防虫网后的试验结果显示,防虫网育秧对黑条矮缩病的防治效果达到100%。

2012年采用3个易感水稻黑条矮缩病品种(金粳18、大粮202和临稻18),在秧田期盖防虫网和秧田期无防虫网2种处理方式下其发病率均呈显著性差异,其中临稻 18 防虫网处理后发病率降低了 87.6%(表 3-7)。说明秧田期防虫网可有效防控水稻黑条矮缩病的发生。

表 3-7　防虫网处理对水稻黑条矮缩病发病率的影响　　单位:%

| 处理 | 金粳 18 | 大粮 202 | 临稻 18 |
| --- | --- | --- | --- |
| C1 | 1.67±0.33b | 0.11±0.19b | 0.11±0.19b |
| C2 | 2.67±0.37a | 0.67±0.00a | 0.89±0.24a |

注:表中数据为平均数±标准差。同一列不同小写字母表示经 Duncan 氏新复极差法检验在 $P<0.05$ 水平差异显著。C1 为秧田期防虫网;C2 为秧田期无防虫网。

以上试验证明,水稻利用防虫网育秧对防治水稻黑条矮缩病、水稻条纹叶枯病是切实可行的。

## 第六节　综合栽培管理措施

### 一、秧田期减密减氮试验

设 3 种落谷密度,分别为 300 千克/公顷(W1)、600 千克/公顷(W2)、900 千克/公顷(W3)。供试氮肥为尿素,设 3 个氮肥施用水平,分别为 150 千克/公顷(N1)、375 千克/公顷(N2)、750 千克/公顷(N3)。各处理秧田面积均为 4 米$^2$,试验共 9 个处理,分别为 N1W1、N1W2、N1W3、N2W1、N2W2、N2W3、

N3W1、N3W2、N3W3，每个处理3次重复，完全随机区组排列。供试品种为金粳18。

同一施氮水平下，水稻黑条矮缩病发病率随秧田期播种密度的增大而增大。处理N1W1黑条矮缩病发病率较处理N1W3低378.5%；处理N2W1、N2W2与N2W3两两间均呈显著性差异，处理N2W1较N2W3黑条矮缩病发病率低41.7%；处理N3W1与N3W3亦呈显著性差异（表3-8）。表明秧田期落谷密度是影响水稻黑条矮缩病发病的重要因素。

同一落谷密度下，秧田期施氮量越大，水稻黑条矮缩病发病越重。处理N1W1黑条矮缩病发病率显著低于N3W1，降幅达76.6%；处理N1W2、N2W2与N3W2两两间均呈显著性差异，其中N1W2较处理N3W2水稻黑条矮缩病发病率低77.7%；处理N3W3与N1W3、N2W3间均呈显著性差异。表明秧田期氮肥施用量也是影响水稻黑条矮缩病发病的重要因素。

表3-8　秧田期施氮水平和落谷密度对水稻黑条矮缩病发病率的影响　单位：%

| 落谷密度 | 氮肥施用水平 | | |
| --- | --- | --- | --- |
| | 150千克/公顷（N1） | 375千克/公顷（N2） | 750千克/公顷（N3） |
| 300千克/公顷（W1） | 1.17±0.24b B | 3.50±0.24c AB | 5.00±1.41b A |
| 600千克/公顷（W2） | 1.67±0.33b C | 4.67±0.00b B | 7.50±0.71ab A |
| 900千克/公顷（W3） | 5.44±0.96a B | 6.00±0.58a B | 9.00±0.94a A |

注：表中数据为平均数±标准差。同列不同小写字母和同行不同大写字母表示经Duncan氏新复极差法检验在$P<0.05$水平上差异显著。

## 二、大田分蘖期氮肥施用试验

本试验采用裂区设计,主处理分 C1(秧田期防虫网)和 C2(秧田期无防虫网)2 种,每种处理下设 4 种分蘖期氮肥施用水平,分别为:0 千克/公顷(CK)、150 千克/公顷(N1)、300 千克/公顷(N2)、600 千克/公顷(N3),共计 8 个处理,分别为 C1CK、C1N1、C1N2、C1N3、C2CK、C2N1、C2N2、C2N3,每个处理 3 次重复,完全随机排列。各处理小区单排单灌,中间设灌排水沟 1 条,小区分设两边,小区之间及小区与排水沟之间筑埂 30 厘米并包膜以防串灌。供试品种为金粳 18。

分蘖期氮肥施用量越大,水稻黑条矮缩病发病率越大。无防虫网处理下,虽然水稻黑条矮缩病发病率随分蘖肥施氮水平的升高而提高,但各处理间未达到显著性差异。而在防虫网处理下,不同施氮水平间水稻黑条矮缩病发病率呈显著性差异,其中对照处理的发病率较处理 N3 低 83.5%(表 3-9)。这说明在黄淮稻区,分蘖期氮肥施用水平也是影响水稻黑条矮缩病发生的重要因素。

表 3-9 分蘖期施氮水平对水稻黑条矮缩病发病率的影响    单位:%

| 施氮水平 | 防虫网处理 | |
| --- | --- | --- |
|  | C1 | C2 |
| 0 千克/公顷(CK) | 0.33±0.24c | 1.89±0.21a |
| 150 千克/公顷(N1) | 0.89±0.19bc | 2.44±0.21a |
| 300 千克/公顷(N2) | 1.33±0.00b | 2.44±0.29a |
| 600 千克/公顷(N3) | 2.00±0.47a | 2.56±0.19a |

注:表中数据为平均数±标准差。同一列不同小写字母表示经 Duncan 氏新复极差法检验在 $P<0.05$ 水平差异显著。C1 为秧田期防虫网;C2 为秧田期无防虫网。

## 三、不同灌水方式试验

本试验采用裂区设计，主处理分 C1（秧田期防虫网）和 C2（秧田期无防虫网）2 种，每种处理下设 3 种灌水方式，分别为 G1（秧苗返青后至抽穗期田面保持 50 毫米以上水层）、G2（秧苗返青后至抽穗期田面保持 20~30 毫米水层）、G3（秧苗返青后至抽穗期每次灌水均灌至 20~30 毫米水层，自然落干后再灌水，如此始终保持干湿交替状态），水稻抽穗后灌水方法同常规，共计 6 个处理，分别为 C1G1、C1G2、C1G3、C2G1、C2G2、C2G3，每个处理 3 次重复，完全随机区组设计。各处理小区单排单灌，中间设灌排水沟 1 条，小区分设两边，小区之间及小区与灌排水沟之间筑埂 30 厘米并包膜以防串灌。供试品种为金粳 18。

水稻黑条矮缩病发病最重的是深水处理 G1，其次为浅水处理 G2，发病最轻的是浅湿处理 G3（表 3-10）。在秧田期防虫网处理下，浅湿处理的水稻黑条矮缩病发病率显著低于深水处理，降幅达 70.3%；在无防虫网处理下，浅湿处理的水稻黑条矮缩病发病率显著低于深水处理和浅水处理，降幅分别达 52.6% 和 45.4%。说明大田期是水稻黑条矮缩病的感病期，稻苗返青后至抽穗前的灌水方式是影响水稻黑条矮缩病发生的重要因素。

表3-10 不同灌水方式对水稻黑条矮缩病发病率的影响　　单位:%

| 灌水方式 | 防虫网处理 | |
| --- | --- | --- |
| | C1 | C2 |
| G1 | 1.11±0.38a | 2.11±0.51a |
| G2 | 0.55±0.19ab | 1.83±0.24a |
| G3 | 0.33±0.00b | 1.00±0.00b |

注:表中数据为平均数±标准差。同一列不同小写字母表示经Duncan氏新复极差法检验在$P<0.05$水平差异显著。C1为秧田期防虫网;C2为秧田期无防虫网;G1、G2分别为秧苗返青后至抽穗期田面保持50毫米以上、20~30毫米水层;G3为秧苗返青后至抽穗期每次灌水均灌至20~30毫米水层,自然落干后再灌水,始终保持干湿交替状态。

## 第七节　防治灰飞虱药剂筛选试验

试验地点设在济宁市任城区喻屯镇喻屯村稻茬麦田,小麦品种为山农15,面积3 053米$^2$,试验共设7个处理,即7种药剂处理,分别为25%吡蚜酮悬浮剂、2.2%阿维菌素水乳剂、10%烯啶虫胺可溶液剂、10%吡虫啉可湿性粉剂、25%噻嗪酮可湿性粉剂、46%杀单·苏云菌粉剂、清水对照(CK)。

各处理重复3次,共21个小区,每小区面积为113米$^2$。用常规手动喷雾器喷雾。

防治前调查灰飞虱虫口基数,每小区五点取样,每平方米为一样点,计算虫口减退率和防治效果。施药后1天、3天调查防治效果。

试验结果表明（表3-11）：吡蚜酮、阿维菌素、烯啶虫胺、吡虫啉、噻嗪酮、杀单·苏云菌6种药剂施药后3天的平均防治效果与对照达显著或极显著水平；吡蚜酮、烯啶虫胺的防治效果较好，在生产上可以大面积推广。

表3-11  一代灰飞虱药剂防治调查表

| 农药种类 | 重复 | 防治前活虫数/头 | 防治后1天 | | 防治后3天 | |
|---|---|---|---|---|---|---|
| | | | 活虫数/头 | 虫口减退率/% | 活虫数/头 | 虫口减退率/% |
| 25%吡蚜酮悬浮剂 | Ⅰ | 112 | 47 | 58.04 | 18 | 83.93 |
| | Ⅱ | 114 | 43 | 62.28 | 21 | 81.58 |
| | Ⅲ | 113 | 35 | 69.03 | 25 | 77.88 |
| | 平均 | | | 63.12 | | 81.13 |
| 2.2%阿维菌素水乳剂 | Ⅰ | 157 | 103 | 34.39 | 57 | 63.69 |
| | Ⅱ | 140 | 100 | 28.57 | 93 | 33.57 |
| | Ⅲ | 97 | 100 | -3.09 | 79 | 18.56 |
| | 平均 | | | 19.96 | | 38.61 |
| 10%烯啶虫胺可溶液剂 | Ⅰ | 173 | 97 | 43.93 | 67 | 61.27 |
| | Ⅱ | 177 | 93 | 47.46 | 30 | 83.05 |
| | Ⅲ | 127 | 78 | 38.58 | 43 | 66.14 |
| | 平均 | | | 43.32 | | 70.15 |
| 10%吡虫啉可湿性粉剂 | Ⅰ | 163 | 103 | 36.81 | 83 | 49.10 |
| | Ⅱ | 167 | 117 | 29.94 | 90 | 46.11 |
| | Ⅲ | 147 | 92 | 37.41 | 69 | 53.06 |
| | 平均 | | | 34.72 | | 49.42 |

（续表）

| 农药种类 | 重复 | 防治前活虫数/头 | 防治后1天 | | 防治后3天 | |
|---|---|---|---|---|---|---|
| | | | 活虫数/头 | 虫口减退率/% | 活虫数/头 | 虫口减退率/% |
| 25%噻嗪酮可湿性粉剂 | Ⅰ | 150 | 103 | 31.33 | 80 | 46.67 |
| | Ⅱ | 140 | 113 | 19.29 | 77 | 45.00 |
| | Ⅲ | 150 | 103 | 31.33 | 68 | 54.67 |
| | 平均 | | | 27.32 | | 48.78 |
| 46%杀单·苏云菌粉剂 | Ⅰ | 100 | 97 | 3.00 | 100 | 0.00 |
| | Ⅱ | 140 | 130 | 7.14 | 113 | 19.29 |
| | Ⅲ | 123 | 93 | 24.39 | 103 | 16.26 |
| | 平均 | | | 11.51 | | 11.85 |
| CK | Ⅰ | 133 | 153 | −15.04 | 183 | −37.59 |
| | Ⅱ | 135 | 157 | −16.30 | 193 | −42.96 |
| | Ⅲ | 197 | 217 | −10.15 | 225 | −14.21 |
| | 平均 | | | −13.836 | | −31.59 |

## 第八节　水稻黑条矮缩病综合防控技术规程

本研究集成了水稻黑条矮缩病综合防控技术规程，可供在水稻灰飞虱和水稻黑条矮缩病的防控中参考使用。按照"切断毒源，治虫控病"的原则和"治麦田，压基数；治秧田，保大田；治前期，保后期"的防治策略控制病害的发生。

采取的防治措施主要包括农业防治、使用防虫网覆盖育秧和化学防治。

## 一、农业防治

1. 清除杂草

冬春清除小麦等前茬作物田内杂草,春夏清除水稻秧田及大田周围环境杂草。

2. 选用抗(耐)病品种

宜选用耐水稻灰飞虱、耐水稻黑条矮缩病品种,不用或少用感病品种。

3. 改进耕作和种植方式

改进稻茬小麦耕作方式,改带稻撒播为旋耕后播种。水稻收获后及时旋耕灭茬。

改进水稻种植方式,采用机插秧等轻简型栽培方式。

4. 合理落谷

秧田期适宜的落谷量为 40~50 克/米$^2$。

5. 合理施肥

增施磷钾肥及硅肥,减少氮肥施用量。施肥方法如下。

秧田期:每亩施磷酸二铵 10 千克、硫酸钾(或氯化钾)10 千克作底肥;二叶一心期亩追施尿素 4 千克;4~5 叶期每亩追施尿素 8 千克。

本田期:每亩施硅钙肥 50 千克左右,复合肥(N-$P_2O_5$-$K_2O$=15-15-15)30 千克,尿素 5 千克作为基肥;插秧后 7 天每亩施尿素 6 千克作为返青肥;插秧后 14 天每亩施尿素 13 千克作为分蘖肥;7 月下旬每亩施尿素 6 千克作为幼穗分化肥。

## 6. 合理灌水

稻苗返青后至抽穗前,采用浅湿的灌水方式,即灌水后自然落干,然后再灌,如此往复。

## 二、使用防虫网覆盖育秧

水稻播种塌谷后喷洒除草剂,然后用毛竹片在秧板两侧固定,中间高40厘米,两侧高35厘米,略成弓形,棚架上面用细绳固定防风,棚架覆盖40目防虫网,两侧用泥将防虫网压实。

## 三、化学防治

具体防治方法见表3-12。

表3-12 化学防治水稻黑条矮缩病方法

| 防治次数 | 用药对象 | 防治适期 | 防治靶标 | 防治药剂 | 施药方法 |
| --- | --- | --- | --- | --- | --- |
| 第1次 | 麦田、休闲田及四周田埂 | 3月底至4月初 | 越冬代灰飞虱 | 70%吡虫啉水分散粒剂3~4克/亩 | 兑水30千克喷雾 |
| 第2次 | 麦田 | 5月上旬(小麦扬花初期) | 一代灰飞虱若虫兼治蚜虫 | 25%噻嗪酮可湿性粉剂20~30克/亩 | 兑水30千克喷雾 |
| 第3次 | 水稻种子 | 播种前 | 灰飞虱 | 10%吡虫啉可湿性粉剂2 000倍液 | 浸种48小时 |
| 第4次 | 秧田四周田埂 | 5月底至6月初 | 一代灰飞虱成虫 | 25%噻虫嗪水分散粒剂2~4克/亩 | 兑水50千克喷雾 |

(续表)

| 防治次数 | 用药对象 | 防治适期 | 防治靶标 | 防治药剂 | 施药方法 |
| --- | --- | --- | --- | --- | --- |
| 第5次 | 本田 | 水稻分蘖期（7月10日左右） | 二代灰飞虱兼治螟虫 | 50%吡蚜酮可湿性粉剂10~15克/亩 | 兑水50千克喷雾 |
| 第6次 | 本田 | 9月中旬（水稻穗期） | 四代灰飞虱兼治褐飞虱 | 48%毒死蜱乳油80~100毫升/亩 | 兑水50千克喷雾 |

# 第九节 水稻黑条矮缩病综合防控技术效益分析

## 一、经济效益分析

2012—2013年，我们开展了水稻黑条矮缩病综合防控技术研究，集成的水稻黑条矮缩病综合防控技术在山东稻区进行了大面积推广，累计推广面积达60.6万亩。根据中国农业科学院农业经济与发展研究所的农业科研成果经济效益计算方法，对该项目进行了经济效益测算。

水稻黑条矮缩病综合防控技术包括防虫网育秧防控技术和统防统治防控技术。2011年以来，通过对以上两项技术的大力推广，成功遏制了山东稻区水稻黑条矮缩病的蔓延势头，收到了良好的效果。经测算，防虫网育秧防控技术已推广7万亩，每亩可挽回稻谷180千克，新增纯收益228元；统防统治防控技术已推广53.6

万亩，每亩挽回稻谷 105 千克，新增纯收益 207.95 元。缩值系数按 0.7 计算，两项技术已获经济效益共计 8 885.11 万元（表 3-13）。

表 3-13 经济效益分析

| 项目 | 效益指标 |
| --- | --- |
| （1）已推广规模 | 60.6 万亩 |
| （2）可能推广规模 | 108 万亩 |
| （3）已推广规模占可能推广规模的比例 | 56.1% |
| （4）总科研费用复利值 | 61.05 万元 |
| （5）已推广期间应分摊的科研费用 | 34.25 万元 |
| （6）已投入的推广费用 | 0.121 2 万元 |
| （7）已推广的有效规模： | |
| 防虫网育秧技术 | 7 万亩 |
| 统防统治防控技术 | 53.6 万亩 |
| （8）单位规模新增纯收益： | |
| 防虫网育秧技术 | 228 元/亩 |
| 统防统治防控技术 | 207.95 元/亩 |
| （9）缩值系数 | 0.7 |
| （10）科研成果已获经济效益 | 8 885.11 万元 |

## 二、社会与生态效益分析

本研究集成的水稻黑条矮缩病综合防控技术可有效防控水稻黑条矮缩病的危害，避免因病害给稻农带来的经济损失，提高水稻生产的稳定性和稻农的种稻积极性。防控技术中的防虫网育秧技术，有利于引导稻农进行规模化或工厂化育秧，提高水稻生产的机械化水平，也有利于促进土地流转集中和规模化生产，符合国家发展现代农业和土地流转集中的战略要求。

稻田具有蓄水防洪、净化水质的作用，对于小气候也具有明显的改善作用。水稻黑条矮缩病综合防控技术的推广应用，提高了稻农的种稻积极性，保障了水稻生产的稳定性，水稻种植面积稳中有升，具有显著的社会效益。

水稻黑条矮缩病综合防控技术的示范推广，减少了农药和化肥的使用总量，在降低了生产成本的同时，也降低了农药化肥的农田面源污染负荷，具有显著的环境效益。

## 第十节　主要结论

针对水稻黑条矮缩病发生和危害严重，但生产上推广的品种缺乏明确的抗原和有效化学药剂的现状，本研究完善了水稻灰飞虱和水稻黑条矮缩病的预测预报技术，明确了灰飞虱在山东省的发生世代和年生活史，研究了灰飞虱在不同温度条件下各虫态发生历期，测定了灰飞虱的发育起点温度与有效积温，阐明了灰飞虱的种群空间分布，探明了灰飞虱的迁飞（扩散）规律和传毒规律，提出了灰飞虱的经济动态阈值及防治指标，建立了测报数学模型。完成了水稻品种（品系）抗性鉴定材料820份，筛选灰飞虱抗性材料2份，筛选出适合盘育机插秧、对水稻黑条矮缩病（或灰飞虱）抗（耐）性较强的品种9个。筛选了适合鲁南、鲁西南稻区应用的中早熟品种，推广了防虫网隔离育秧技术、盘育机插秧技术、减密减氮育秧技术及秧田期和分蘖期灰飞虱高效防治等技术，集成了一种以品种更新和种植方式创新为核心，高效防控水稻黑条矮缩病的健康栽培模式，为有效控制水稻黑条矮缩病的危害提供了强有力的科技支撑。

## 第四章

# 作物健康栽培的探索与实践三

## ——长期秸秆还田与不同施肥水平下水稻青枯病的抗性研究

## 第一节　研究背景与意义

2021年8月下旬至10月上旬，山东稻区出现3次持续性降温降水天气，造成水稻青枯病大面积发生，损失惨重。青枯病是水稻生产中常见的生理性病害，多发生于水稻灌浆期和秧苗期。灌浆期水稻发病后全株叶片萎蔫内卷，茎秆干瘪收缩，整株呈青灰色，一般在2~3天死亡，可造成结实率和千粒重显著下降，轻者减产10%~20%，重者减产超过30%，严重威胁水稻安全生产。有报道显示，青枯病由水稻生理性失水所致，而低温、强降水、干热风等极端气候条件易诱发水稻青枯病，但极端气候因素诱发水稻青枯病的机理尚缺乏系统研究。因此，明确诱发水稻青枯病的具体灾害性气象条件，并针对灾害情况提出采取切实有效的措施，以及提高水稻对生理性青枯病的抗性是当前迫切需要解决的问题。

据报道，耕作制度、栽种方式、水肥管理、品种选择等均影响水稻对青枯病的抗性。免（少）耕制度的推广实施造成耕层变薄，水稻根系分布浅，面临灾害性气象条件时更易遭受伤害发生青枯。与插秧相比，直播稻、抛秧稻扎根较浅，水分吸收、运输能力较差，更易诱发青枯病。灌浆期长期淹水灌溉的田块，不利于以水促根，引根下扎，造成根系分布浅，抗逆性差，易发生青枯病，而长期缺水的田块也易发生水稻青枯病，据报道，水稻灌浆期长期缺水会导致耕层与犁底层断裂，中断水分传输途径，造成稻株因缺水而青枯。有研究显示，有机肥施入不足，氮肥施入过多或施入过迟的田块易发生青枯病。品种对青枯病的抗性主要与水稻生育后期根系活力有关，根系活力越高对青枯病抗性越强，反之越弱。

已有的关于水稻生理性青枯病的研究或报道多是生产经验的总结，缺乏对具体影响特征和影响机理的系统分析，对灾害性气象条件下长期秸秆还田和不同化肥投入水平如何影响水稻青枯病的发生及其发病机理鲜见报道。本研究旨在通过对气象数据年际间的系统比较分析，初步阐明诱发水稻青枯病的灾害性气象条件，依托始于2013年的秸秆还田与施肥长期定位试验，研究灾害性气象条件下长期秸秆还田与不同化肥投入水平对水稻灌浆期生理性青枯病发生的影响特征，初步明晰水稻青枯病的发病规律及发病机理，探索一种基于秸秆还田的有效防控水稻生理性青枯病的健康栽培模式，为稻田科学健康管理、稻麦秸秆还田与化肥施用技术的改进与完善提供依据。

## 第二节　材料与方法

### 一、材料

试验地点位于山东省农业科学院湿地农业与生态研究所济宁综合试验基地，地处鲁中南泰沂蒙山麓倾斜平原与鲁西南黄泛平原交接洼地的中心地带。该区属暖温带季风气候，年平均气温13～

14℃，年降水量600~800毫米，年日照时数为2 391.4小时，无霜期200天。供试土壤为砂姜黑土，是由南四湖沉积物经脱沼泽作用而形成。供试品种为圣稻18。

## 二、方法

### (一) 试验设计

试验始于2013年，以水稻-小麦轮作制度为基础，采用裂区设计，设秸秆全量还田与秸秆移除2个因素，每个因素下设5个施肥水平，共计10个处理：常规施肥+秸秆全量还田（HN1）；常规施肥量85%+秸秆全量还田（HN2）；常规施肥量70%+秸秆全量还田（HN3）；常规施肥量50%+秸秆全量还田（HN4）；不施肥+秸秆全量还田（HN0）；常规施肥+秸秆移除（N1）；常规施肥量85%+秸秆移除（N2）；常规施肥量70%+秸秆移除（N3）；常规施肥量50%+秸秆移除（N4）；不施肥+秸秆移除（N0）。小区面积24米$^2$（4米×6米），3次重复。各处理小区单排单灌，中间设灌排水沟，小区分设两边，小区之间及小区与灌排水沟之间筑埂30厘米并包膜以防串灌。秸秆全量还田处理，即水稻和小麦收获后，秸秆全部粉碎至5厘米以下后原位翻耕还田，翻耕深度15厘米左右；秸秆移除处理，即水稻和小麦收获后，地上部秸秆全部移出试验田。

水稻常规施肥量：N 276千克/公顷，$P_2O_5$ 135千克/公顷，$K_2O$ 78千克/公顷，其中氮肥的施用分作基肥、返青肥、分蘖肥和穗肥4次施用，秸秆全量还田处理和秸秆移除处理各时期施用比例分别为3∶2∶2.5∶2.5和2∶2.5∶3∶2.5，磷肥全部用作基肥施用，钾肥作基肥和穗肥各50%施用。小麦常规施肥量：N 276千克/公顷，$P_2O_5$ 67.5千克/公顷，$K_2O$ 59千克/公顷，其中氮肥的施用分基肥和返青分蘖肥2次各50%施用，磷钾肥全部当作基肥施用。水稻和小麦其他管理措施按常规进行。

### （二）测定项目与方法

2021年水稻收获后土壤翻耕前取土样，用土钻按照五点取样法的要求，每小区取一个混合样，土层深度为0~20厘米，测定土壤有机质、土壤速效氮、土壤有效磷和土壤速效钾含量，测定方法参见鲍士旦（2000）的《土壤农化分析》。

2021年10月上旬，水稻青枯病发生后2天内调查青枯病丛发病率和株发病率。调查方法为每小区随机选取3个点，每点调查30丛，分别记录发病丛数、每丛株数和发病株数，计算丛发病率和株发病率。

丛发病率=发病丛数/调查总丛数×100%

株发病率=发病株数/调查总株数×100%

收获期每小区随机选取3穴，齐根割断，测定水稻生物量。每小区随机选取40穴，调查丛穗数，每小区实割5米$^2$测产。用于测产的稻谷在测产完成后用来测定千粒重、出糙率、精米率和整精米率。

水稻孕穗中期至成熟期气象资料采集自山东省农业科学院湿地农业与生态研究所济宁综合试验基地自建气象站。

## 三、数据分析

采用 Excel 2013 软件进行数据整理和作图,用 SPSS 21.0 软件进行统计分析。

## 第三节　灾害性气象条件下秸秆处理方式与不同施肥水平对水稻青枯病的影响

### 一、温光条件及降水量

2019—2021 年水稻孕穗中后期至成熟期气象特征见图 4-1。分析图 4-1 可知,2021 年 8 月中旬至 10 月下旬有 3 次持续时间较长的降温过程,分别为 8 月 27 日至 9 月 7 日、9 月 25—29 日、10 月 3—7 日。2021 年 8 月 27 日至 9 月 7 日气温均值为 21.92℃,较 2019 年和 2020 年同期分别下降 7.39% 和 20.06%;最高气温均值为 24.77℃,较 2019 年和 2020 年同期分别下降 20.80% 和 25.18%,最低气温与往年同期差异不大。2021 年 8 月 27 日至 9 月 7 日累计降水量为 171.40 毫米,较 2019 年和 2020 年同期分别增加 171.40 毫米和 162.00 毫米,日照时数为 55.70 小时,较 2019 年和 2020 年同期分别减少 55.05 小时和 38.40 小时。

2021 年 9 月 25—29 日气温均值为 20.21℃,较 2019 年和 2020

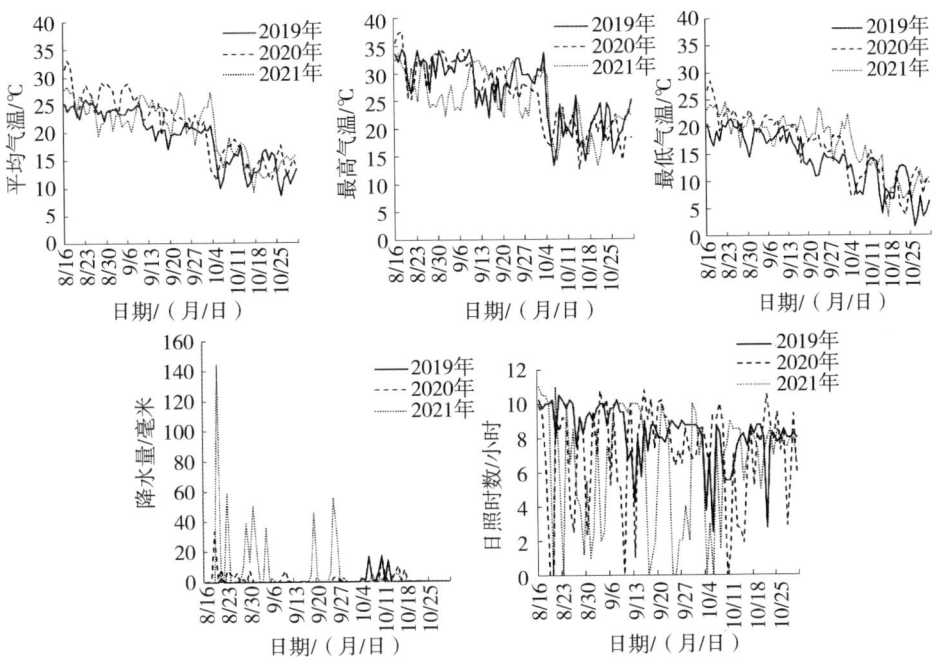

图 4-1 2019—2021 年 8 月中旬至 10 月下旬温光条件及降水特征

年同期分别下降 3.06% 和 7.61%；最高气温均值为 23.81℃，较 2019 年和 2020 年同期分别下降 20.96% 和 12.47%，最低气温与往年同期无明显差异。2021 年 9 月 25—29 日累计降水量为 91.40 毫米，较 2019 年和 2020 年同期分别增加 91.40 毫米和 84.70 毫米；日照时数为 10.00 小时，较 2019 年和 2020 年同期分别减少 33.75 小时和 26.10 小时。

2021 年 10 月 3—7 日，平均气温由 27.22℃ 骤降至 13.81℃，降温幅度为 13.41℃，此次降温过后水稻出现青枯症状并快速死亡。2019 年和 2020 年同期也各有一次降温过程，分别为：2019 年 10 月 3—6 日，平均气温由 21.26℃ 骤降至 9.95℃，降温幅度为

11.31℃；2020 年 10 月 1—5 日，平均气温由 22.04℃骤降至 11.34℃，降温幅度为 10.7℃。与 2021 年相比，2019 年和 2020 年降温幅度相近，且平均气温低值更低，但均未出现青枯症状。

低温等灾害性气象因子是造成水稻青枯死亡的直接原因，也是诱发水稻青枯病的主要因素。本研究中，2019 年和 2021 年均经历了强降温过程，降温幅度相近，降温过程中平均气温低值 2019 年和 2020 年均低于 2021 年，但 3 年中只有 2021 年出现水稻青枯病。这是由于 2021 年 8 月下旬至 9 月下旬曾出现 2 次持续时间较长的强降温过程，这期间低温、强降水和寡照交织在一起，造成水稻根系活力下降、抗冷害能力降低，而 2019 年和 2020 年仅在 10 月上旬出现了 1 次强降温天气。因而 2021 年 10 月上旬出现的青枯病应是水稻灌浆期 3 次灾害性天气叠加作用的结果。

本研究中，2021 年 9 月下旬出现强降雨天气，其间平均气温由 27.25℃降至 17.72℃，随后气温骤升至 27.22℃，气温波动幅度大，降水前后气温变化呈典型的深"V"形（图 4-1），随后水稻在 10 月上旬降温后出现了严重的青枯死亡。这是由于降温后快速回温即深"V"谷形成剧烈的温差会导致水稻植株可溶性糖、游离氨基酸等根系分泌物代谢能力下降，根系质膜和液泡膜 ATP 酶活性降低，根系水分、养分传输能力快速下降，从而降低根系活力，而剧烈升温使得水稻叶片蒸腾作用提升，吸水减少失水增多造成水稻植株水分代谢失衡，水稻植株因生理性缺水而萎蔫，因而"V"谷越深，青枯发病越重。本研究中水稻灌浆期前两次降温过程最低气温与往年同期并无明显差异，且第 3 次降温过程最低气温高于往年同期水平，这说明并非只有极端的低温条件才能诱发青枯病，只要低于适宜的水稻生长温度，就能引发水稻低温伤害，而水稻青枯病的发生不仅与低温的最低值有关，还与低温的持续时间有关，因为水稻根系活力的降低幅度与低温持续时间成正比。

## 二、不同秸秆处理方式与不同施肥水平对水稻青枯病发病率的影响

由表 4-1 可知，不同秸秆处理方式与施肥水平对水稻青枯病发病率影响显著。相同的秸秆处理方式下，水稻青枯病丛发病率和株发病率均随化肥投入量的提高而增大：常规施肥处理（HN1 和 N1）发病率最高，其中处理 HN1 丛发病率和株发病率分别高达 64.44% 和 60.33%；其次为常规施肥量 85% 处理（HN2 和 N2），其中处理 HN2 丛发病率和株发病率较 HN1 分别降低 50.00% 和 77.08%；再次为常规施肥量 70% 处理（HN3 和 N3）；常规施肥量 50%+秸秆全量还田处理 HN4 丛发病率和株发病率分别仅为 3.33% 和 0.57%，常规施肥量 50%+秸秆移除处理 N4 和无肥处理（HN0 和 N0）均未发病。相同的化肥施用水平下（无肥处理除外），秸秆还田处理青枯病发病率显著高于秸秆移除处理：其中处理 HN2 丛发病率和株发病率较处理 N2 分别提高 107.07% 和 101.60%。

表 4-1 不同秸秆处理方式与施肥水平下水稻青枯病发病率　　单位：%

| 处理 | 丛发病率 | 株发病率 |
| --- | --- | --- |
| HN1 | 64.44±3.95a | 60.33±2.12a |
| HN2 | 32.22±3.27c | 13.83±0.41b |
| HN3 | 25.00±2.89c | 6.80±0.18bc |

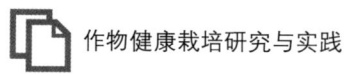

（续表）

| 处理 | 丛发病率 | 株发病率 |
| --- | --- | --- |
| HN4 | 3.33±0.00ef | 0.57±0.10c |
| HN0 | 0.00±0.00f | 0.00±0.00c |
| N1 | 55.00±0.96b | 53.23±4.47a |
| N2 | 15.56±0.91d | 6.86±0.41bc |
| N3 | 10.00±1.57de | 3.35±0.44c |
| N4 | 0.00±0.00f | 0.00±0.00c |
| N0 | 0.00±0.00f | 0.00±0.00c |

注：表中数据为平均数±标准误。同列不同小写字母表示经 Duncan 氏新复极差法检验在 $P<0.05$ 水平差异显著。

## 三、不同秸秆处理方式与不同施肥水平对土壤肥力水平的影响

表4-2为不同秸秆处理与施肥水平下土壤肥力水平。经过8年的长期定位试验，土壤肥力较试验前发生明显改变。整体上看，土壤有机质水平显著提升：相同的秸秆处理方式下，土壤有机质含量均随化肥施用量的提高而增大，处理 HN0、N4 和 N0 土壤有机质含量较试验前有所降低，其余处理均较试验前显著提升。相同的化肥投入水平下，秸秆还田处理土壤有机质含量较秸秆移除处理显著提升，提升幅度最高达 19.28%。处理 HN1、N1 和 HN2 土壤速效氮含量较试验前有所提升，其余处理较试验前明显降低，相同的化肥投入水平下，秸秆还田处理土壤速效氮含量较秸秆移除处理显著提升，提升幅度最高达 24.31%。处理 HN0、N4 和 N0

土壤 Olsen-P（碳酸氢钠浸提法测定有效态磷）含量较试验前有所降低，其余处理均较试验前明显提升，秸秆还田处理土壤有效磷含量较秸秆移除处理显著提升，提升幅度最高达 14.40%。所有处理土壤速效钾含量均较试验前有所提升，相同的化肥投入水平下，秸秆还田处理土壤速效钾含量较秸秆移除处理显著提升，提升幅度最高达 28.24%。

表 4-2　不同秸秆处理方式与施肥水平下土壤肥力水平

| 处理 | 有机质/<br>（克/千克） | 速效氮/<br>（毫克/千克） | 有效磷/<br>（毫克/千克） | 速效钾/<br>（毫克/千克） |
| --- | --- | --- | --- | --- |
| 试验前 | 18.80 | 72.98 | 23.46 | 135.00 |
| HN1 | 23.25±0.76a | 107.67±2.42a | 44.81±0.61a | 201.33±0.88a |
| HN2 | 21.89±0.74a | 81.01±1.54c | 39.09±0.93b | 196.67±1.03a |
| HN3 | 22.52±0.46a | 67.92±1.00d | 35.37±0.50c | 172.67±0.87b |
| HN4 | 19.77±0.52bc | 57.45±0.50e | 25.19±0.57e | 166.67±0.54c |
| HN0 | 17.23±0.16de | 25.40±1.69g | 18.60±0.70g | 162.33±0.82cd |
| N1 | 21.39±0.46ab | 93.53±1.60b | 39.17±0.49b | 157.00±1.41de |
| N2 | 19.23±0.43c | 65.17±1.65d | 35.29±0.44c | 154.00±1.42e |
| N3 | 18.88±0.18cd | 55.20±1.23ef | 31.58±0.43d | 144.33±1.21f |
| N4 | 18.47±0.35cd | 50.73±0.62f | 22.07±0.81f | 145.33±2.37f |
| N0 | 16.18±0.41e | 27.38±1.45g | 18.26±0.48g | 158.33±2.84de |

注：表中数据为平均数±标准误。同列不同小写字母表示经 Duncan 氏新复极差法检验在 $P<0.05$ 水平差异显著。

本研究表明，相同的化肥投入水平下秸秆还田加重了水稻青枯病的发生程度，这可能是由于连续秸秆还田改善了表层土壤供肥能力和肥力水平，影响了根系下扎的深度与广度，降低了水稻植株抗寒能力，这与李明桃（2013）研究报道中将秸秆还田作为预防水稻青枯病的防控措施是不一致的,这可能跟二者秸秆还田后翻耕深度、配套的水稻栽植方式及水肥管理措施不同有关:本研究秸秆还田后翻耕深度只有 15 厘米左右,长期操作降低了耕层深度,限制了根系下扎深度和广度,降低了水稻根系的抗冻性。因此,为了提高水稻对青枯病的抗性,秸秆还田时一方面要增大还田后土壤的翻耕深度,防止耕层随还田年限的延长而变浅,促进养分在耕层土壤均匀分布,另一方面随着还田年限的延长和土壤供肥能力的增强,要及时减肥。

## 四、不同秸秆处理方式与不同施肥水平对稻谷产量构成及其加工品质的影响

水稻丛穗数、稻谷产量和生物量均随化肥施用水平的提高而增大(表 4-3),相同的化肥投入水平下,秸秆还田处理水稻丛穗数、稻谷产量和生物量显著高于秸秆移除处理,其中处理 HN3 水稻丛穗数、稻谷产量和生物量较 N3 分别提高 24.73%、17.88% 和 30.78%。与水稻丛穗数和稻谷产量不同的是,稻谷千粒重、糙米率、精米率和整精米率均随化肥施用水平(无肥对照除外)的提高而降低,相同的秸秆处理方式下,常规施肥处理稻谷千粒重、糙米率、精米率和整精米率较其余处理最高减幅分别达 14.05%、3.83%、8.17% 和 6.81%。秸秆还田与否对千粒重、糙米率、精米率和整精米率均无明显影响。

表4-3 不同秸秆处理方式与施肥水平下产量构成及稻谷加工品质特征

| 处理 | 丛穗数 | 千粒重/克 | 糙米率/% | 精米率/% | 整精米率/% | 稻谷产量/(吨/公顷) | 生物量/(克/丛) |
|---|---|---|---|---|---|---|---|
| HN1 | 12.78±0.28a | 25.38±0.10f | 81.08±0.17de | 66.58±0.12e | 65.86±0.35e | 9.37±0.25a | 71.53±3.49a |
| HN2 | 11.67±0.25b | 26.29±0.07e | 82.47±0.14bc | 68.50±0.25d | 67.61±0.33cd | 8.68±0.25ab | 61.77±1.27bc |
| HN3 | 10.39±0.24cd | 27.94±0.12c | 83.56±0.13ab | 71.69±0.06b | 68.44±0.18c | 7.91±0.19bc | 60.04±2.12bc |
| HN4 | 8.61±0.16e | 29.02±0.09b | 84.31±0.06a | 72.50±0.27a | 70.67±0.30a | 6.48±0.19e | 42.36±1.35de |
| HN0 | 6.17±0.34f | 28.14±0.10c | 83.89±0.82a | 72.42±0.04a | 70.03±0.06ab | 3.47±0.21f | 25.90±0.50f |
| N1 | 10.89±0.05c | 25.38±0.12f | 80.89±0.33e | 66.56±0.18e | 65.69±0.19e | 8.09±0.17bc | 64.61±0.48b |
| N2 | 10.06±0.05d | 26.61±0.07e | 82.17±0.37cd | 68.36±0.26d | 67.36±0.32d | 7.56±0.07cd | 55.25±0.03c |
| N3 | 8.33±0.42e | 27.44±0.08d | 83.44±0.16ab | 69.69±0.14c | 68.33±0.32cd | 6.71±0.26de | 45.90±0.54d |
| N4 | 8.00±0.14e | 28.28±0.09c | 83.75±0.08ab | 71.50±0.25b | 69.72±0.26ab | 6.25±0.49e | 38.15±1.52e |
| N0 | 6.17±0.14f | 29.53±0.13a | 83.11±0.12abc | 71.03±0.14b | 69.53±0.19b | 3.30±0.12f | 25.88±1.46f |

注：表中数据为平均数±标准误。同列不同小写字母表示经Duncan氏新复极差法检验在$P<0.05$水平差异显著。

## 五、水稻青枯病发病率、产量与化肥投入及土壤肥力水平的关系

分析表4-4可知,水稻青枯病发病率与施肥量、土壤肥力水平均呈显著或极显著正相关关系。在所有的指标中,与青枯病发病率相关性最强的为土壤速效氮,其与青枯病丛发病率和株发病率相关系数分别达0.918和0.838,其次为土壤有效磷含量,其与青枯病丛发病率和株发病率相关系数分别达0.882和0.752,再次为化肥施用量和土壤有机质含量,与青枯病发病率相关性最弱的为土壤速效钾含量。稻谷产量、生物量与施肥量及土壤肥力水平均呈显著或极显著正相关关系,在所有指标中,与水稻产量相关性最强的为施肥量,其与稻谷产量和生物量的相关系数分别为0.931和0.942,其次为土壤有效磷和土壤速效氮含量,其中土壤有效磷与稻谷产量和生物量的相关系数分别为0.888和0.965,土壤速效氮与稻谷产量和生物量的相关系数分别为0.884和0.952。与水稻产量相关性最弱的土壤速效钾含量。

本研究中,水稻青枯病丛发病率和株发病率与施肥量、土壤肥力指标呈极显著正相关关系。这说明高施肥量、高土壤肥力水平会降低水稻对青枯病的抗性。这可能有以下几方面的原因:一是施肥量大、肥力水平高的土壤,表层土壤养分含量高,因而水稻根系多分布于土壤表层,下扎较浅,而根系是水稻最早感知逆境胁迫的器官,齐穗后稻株不再发出新根,抗冻性更弱,而施肥量小、土壤肥力水平较低的土壤,表层土壤养分含量相对较低,

水稻为获取满足自身生长所需的养分,根系下扎更深,广度更大,遭遇冷害时根系抗冻性相对更强;二是施肥量大的处理氮肥施用水平高,过量施氮还会降低植物的抗逆性;三是施肥量大、土壤肥力水平高的田块,水稻地上部生长群体(生物量)相对更大,水稻植株因蒸腾作用而散失的水分较肥力水平低的地块更大,水稻也更易因生理性失水而青枯死亡。

表 4-4 水稻青枯病发病率、产量与施肥量及土壤肥力水平的相关性分析

| 项目 | 施肥量 | 有机质 | 速效氮 | 有效磷 | 速效钾 |
| --- | --- | --- | --- | --- | --- |
| 丛发病率 | 0.771** | 0.779** | 0.918** | 0.882** | 0.641** |
| 株发病率 | 0.676** | 0.623** | 0.838** | 0.752** | 0.483* |
| 稻谷产量 | 0.931** | 0.777** | 0.884** | 0.888** | 0.468* |
| 生物量 | 0.942** | 0.862** | 0.952** | 0.965** | 0.536* |

注:** 表示相关关系呈极显著水平($P<0.01$);* 表示相关关系呈显著水平($P<0.05$)。

## 六、水稻青枯病发病率与稻谷产量、稻谷加工品质等指标的关系

分析表 4-5 可以发现,水稻产量、稻谷加工品质与水稻青枯病发病率呈极显著相关关系:丛穗数、稻谷产量、生物量与水稻青枯病丛发病率和株发病率均呈极显著正相关关系,其中丛穗数与丛发病率和株发病率的相关系数分别达 0.861 和 0.730,稻谷产量与丛发病率和株发病率的相关系数分别为 0.790 和 0.621。千粒重与水稻青枯病发病率呈极显著负相关关系,其与水稻青枯病丛

发病率和株发病率相关系数分别达-0.850和-0.829。稻谷糙米率、精米率和整精米率等稻谷加工品质与水稻青枯病发病率均呈极显著负相关关系，其中稻谷整精米率与水稻青枯病丛发病率、株发病率的相关系数分别为-0.876和-0.830。

表4-5 水稻青枯病发病率与稻谷产量、稻谷加工品质等指标的相关性分析

| 项目 | 丛穗数 | 千粒重 | 糙米率 | 精米率 | 整精米率 | 稻谷产量 | 生物量 |
| --- | --- | --- | --- | --- | --- | --- | --- |
| 丛发病率 | 0.861** | -0.850** | -0.779** | -0.847** | -0.876** | 0.790** | 0.840** |
| 株发病率 | 0.730** | -0.829** | -0.803** | -0.855** | -0.830** | 0.621** | 0.719** |

注：**表示相关关系呈极显著水平（$P<0.01$）。

本研究中，水稻青枯病发病率与千粒重、稻谷糙米率、精米率、整精米率呈极显著负相关关系，这是由于水稻青枯死亡后，灌浆终止，稻谷饱满度下降，稻谷千粒重降低，受此影响稻谷加工品质显著变差。这说明水稻青枯死亡后不但会影响稻谷产量，更为重要的是会影响稻谷加工品质和商品价值。本研究中，水稻青枯病发病率与稻谷产量、生物量均呈极显著正相关关系，这似乎与水稻青枯死亡后灌浆终止降低稻谷饱满度，进而影响稻谷产量的事实不符。这是由于水稻产量受多方面因素的影响，其中施肥量和土壤肥力水平是水稻产量形成的主要影响因素，而施肥量大、土壤肥力水平高的处理不但提高了稻谷产量和生物量，也加重了水稻青枯病的发生，即各处理间施肥量和土壤肥力水平、水稻产量、青枯病发病率变化趋势一致。本研究中，青枯病发生在水稻灌浆末期，对产量的影响相对较小。水稻青枯病发病率与水

稻产量的相关关系是由施肥量、土壤肥力水平和青枯病的发生时期共同影响所致。

## 第四节　主要结论

本研究依托始于2013年的秸秆还田与施肥长期定位试验，通过对气象数据年际间的系统比较分析，初步阐明了诱发水稻青枯病的灾害性气象条件，即2021年山东稻区水稻青枯病由灌浆期3次低温灾害天气叠加作用诱发，低温极值与低温持续时间均与青枯病的发生密切相关。研究了灾害性气象条件下长期秸秆还田与不同化肥投入水平对水稻灌浆期生理性青枯病发生的影响，即高土壤肥力、高化肥投入的地块在面临灾害性气象条件时更易诱发水稻青枯病。长期秸秆还田配施化肥显著提升了土壤肥力水平，但由于耕层浅，提升的土壤养分多积聚于土壤表层，影响了水稻根系下扎，在灾害性气象条件下更易诱发水稻生理性青枯病。因此，为提高水稻对生理性青枯病的抗性，促进水稻健康生长，对于长期秸秆还田的地块，随着土壤肥力的提高应该适当减少化肥的投入量，还应该提高翻耕深度至20~25厘米，防止耕层变浅和养分在表层富集。本研究探索的这种基于秸秆还田的有效防控水稻生理性青枯病的健康栽培模式，为稻田科学健康管理、稻麦秸秆还田与化肥施用技术的改进与完善提供了借鉴与参考。

# 第五章

## 作物健康栽培展望

随着全球农业的快速发展,化肥、农药的需求量和使用量逐年快速提升,化肥、农药的长期过量使用造成资源的大量浪费,同时带来严重的环境污染问题,也直接或间接造成温室气体的大量排放。靠化肥、农药大量投入的粗放式管理模式已难以为继,作物健康栽培模式成为农林业可持续发展的必然选择。作物健康栽培的发展不仅关系到农业生产的可持续性,也直接影响人类的健康和地球的生态平衡。展望未来的作物健康栽培,应重点做好以下几方面工作。

## 一、健康栽培应追求作物、环境与人的和谐共生

健康栽培不仅仅关注作物的产量,更强调作物的健康生长。注重通过健身栽培提高作物的抗逆性和免疫力,达到防病治虫的效果,从而减少对化学农药的依赖。健康栽培还强调土壤的健康。健康的土壤能够提供全面的营养,有助于作物健康生长,生产出的农产品也更能满足人体对矿物营养的需求。因此,保护和改善土壤健康是实现健康栽培的关键措施之一。健康栽培还强调环境保护和人类健康的重要性。绿色、环保的农业产品和方法不仅能保护生态环境,还能避免对人体健康产生潜在威胁。通过选择绿色的生产技术和适当的化肥、农药投入,可以在保证作物产量的同时减少对环境的负面影响。综上,健康栽培是一种综合考虑作物生长、环境保护和人类健康的新型种植模式。它强调通过改善土壤健康、提高作物抗逆性和减少化学农药的使用,来实现作物的健康生长和环境的可持续发展。这种模式不仅有助于提高农产

品的质量，还能保护生态环境、保障人类健康，最终实现人与自然的和谐共生。

## 二、健康栽培应绿色优先，化肥、农药按需分配

所谓绿色优先即优先选择绿色环保方法满足作物的需求。在作物的营养需求方面，注重通过作物秸秆、畜禽粪便等农业废弃物的循环利用来满足作物的部分需求，不够的部分以化肥来补充。在作物的病虫草害防控方面，一要注重通过各种途径实现健身栽培，提高作物的抗逆性和免疫力，减少病虫害的发生；二要注重通过使用天敌、害虫性诱剂、生物农药等途径实现对作物病虫草害的有效防控。当病虫草害发生严重，绿色防控技术无法有效遏制病虫草害的发生时，可适度使用化学农药。

化肥、农药按需分配即按作物的实际需求使用化肥和农药，有效遏制过量使用和滥用的问题。化肥和农药的使用过程中应注重解决两个方面的问题：一是何时用的问题，二是用多少的问题。化肥使用前应充分了解肥料的特性、作物的需肥规律、土壤的供肥能力，施用时注重结合测土配方施肥法。在肥料的选择上注重选用缓控释肥等高效肥料种类，在施用时间和施用量上尽可能做到精准把控，在充分满足作物需求的同时，减少养分流失。在化学农药的使用时间上应精准把控病虫草害的发生规律和防控关键期，狠抓用药关键期，在达到靶标的防治指标时再用药。在农药的使用量上应根据病虫草害实际发生程度，并参考农药使用说明综合确定，尽量减少农药用量。在达到作物防病、治虫、除草效

果的同时，减少农药的浪费与污染。

总之，健康栽培应强调绿色优先，通过推进化肥、农药减量增效，合理分配和使用化肥农药，以保护环境和人体健康，同时保障农作物的生长和农业生产效益的提高。这也需要农民和农业从业者具备相关的知识和技能，以及政府和社会的支持和监督。

## 三、健康栽培应具备轻简、节本、高效的特征

随着国民经济的发展、农村劳动力成本的不断提升，以及化肥、农药、农机等农资成本的不断增大，种植业的生产成本不断增加，种粮收益被持续压缩。为了确保国家粮食安全和农民的种粮积极性，种植业须走出一条轻简、节本、高效的路子。作物健康栽培作为一种现代农业生产理念，在确保作物健康、环境友好的同时，也应具备轻简、节本、高效的特征。所谓轻简是指通过简化农业生产过程中的某些环节，如减少耕作次数、简化育苗和移栽过程等，充分利用农业机械、信息技术等现代农业科技手段，来降低劳动强度和生产成本。如水稻生产中的旱条播技术缺省了育苗和移栽环节；南方的再生稻生产技术缺省了播种、育苗和移栽环节；无人机喷药降低了劳动强度，提高了工作效率等。所谓节本是指通过优化资源配置和管理措施，降低生产成本。如通过秸秆还田等措施减少化肥的投入量；通过健身栽培减少农药的使用；通过无人机喷药降低整体生产成本等。所谓高效指在通过采取综合措施，在提高作物的产量和品质的同时增加农民的综合收益。如通过选择优质、高产、养分高效、多抗的优良品种，减少化肥和

农药的施用量和使用次数；选择高效、性价比高的化肥，选择低毒、高效、性价比高的农药等；把握好作物最佳的栽种和收获时机，以获得较理想的产量和品质的农产品。总之，健康栽培应具备轻简、节本、高效的特征，通过简化操作流程、降低生产成本和提高生产效率，实现农业生产的可持续发展。这些技术的应用不仅有助于提高农民的经济效益，还有助于推动现代农业的发展。

# 参考文献

鲍士旦，2000. 土壤农化分析 [M]. 北京：中国农业出版社.

高翔，2024. 基于碳中和的农业面源污染治理模式发展态势刍议 [J]. 清洗世界，40（7）：139-141.

管磊，郭贝贝，王晓坤，等，2016. 苯醚甲环唑等杀菌剂包衣种子防治花生冠腐病和根腐病 [J]. 植物保护学报，43（5）：842-849.

郭靖，罗颢，章家恩，等，2016. 水旱轮作防控福寿螺的效果及对水稻产量的影响 [J]. 华南农业大学学报，36（1）：48-53.

洪文英，吴燕君，汪爱娟，等，2016. 菜-菱水旱轮作对连作障碍的消解效应及综合效益评价 [J]. 浙江农业科学，57（10）：1715-1717.

侯伟，程海刚，景炜明，等，2015. 水旱轮作栽培对缓解设施蔬菜连作障碍的影响 [J]. 陕西农业科学，61（1）：72-74.

胡梦娟，2025. 绿色发展下农业经济增长与面源污染关系研究：基于安庆市的实证 [J]. 仲恺农业工程学院学报，38（1）：23-32.

江玉萍，鞠倩，姜晓静，等，2013. 蛴螬危害花生产量损失调查及发生因子分析 [J]. 花生学报，42（4）：42-46.

金书秦，张惠，唐佳丽，2020. 化肥使用量零增长实施进展及"十四五"减量目标和路径 [J]. 南京工业大学学报（社会科学版），19（3）：66-74.

李明桃，2013. 水稻青枯病的发生原因及其预防措施探析 [J]. 农业灾害研究，3（1）：7-9.

李晓, 宫清轩, 鞠倩, 等, 2011. 新型低毒杀虫剂防治花生地下害虫初步研究 [J]. 江西农业学报, 23 (5): 94-96.

刘桢, 2014. 不同花生品种在水旱轮作地和红壤旱地的生长发育和产量差异 [D]. 长沙: 湖南农业大学.

芦志成, 张鹏飞, 李慧超, 等, 2019. 中国农药创制概述与展望 [J]. 农药学学报, 21 (5-6): 551-579.

乔永军, 2016. 科学利用农药化肥和水资源, 减少农业面源污染 [J]. 农业工程技术 (综合版) (1): 43.

孙天福, 刘明富, 官国科, 等, 1993. 花生-水稻轮作的改土效应 [J]. 土壤 (4): 219-221.

唐汉, 王金武, 徐常塑, 等, 2019. 化肥减施增效关键技术研究进展分析 [J]. 农业机械学报, 50 (4): 1-19.

王国梅, 2024. 开展农药使用减量控害行动减少和控制面源污染 [J]. 世界热带农业信息 (9): 44-46.

魏蕾, 米晓田, 孙利谦, 等, 2022. 我国北方麦区小麦生产的化肥、农药和灌溉水使用现状及其减用潜力 [J]. 中国农业科学, 55 (13): 2584-2597.

杨巧云, 方梦荧, 2021. 化肥农药过量使用与农业面源污染防治 [J]. 农家参谋 (24): 66-67.

袁旭, 张家安, 常飞杨, 等, 2022. 我国肥料施用现状及化肥减量研究进展 [J]. 农业与技术, 42 (18): 20-23.

张福锁, 黄成东, 申建波, 等, 2023. 绿色智能肥料: 矿产资源养分全量利用的创新思路与产业化途径 [J]. 土壤学报, 60 (5): 1203-1212.

赵庆雷, 王瑜, 吴修, 等, 2014. 主要栽培管理措施与黄淮区水稻黑条矮缩病发生的关系 [J]. 植物保护学报, 41 (4): 396-402.

赵庆雷, 信彩云, 王瑜, 等, 2018. 不同轮作模式对花生病虫害及产量的影响 [J]. 植物保护学报, 45 (6): 1321-1327.

赵庆雷, 杨军, 刘奇华, 等, 2026. 灾害性天气下秸秆还田与施肥对水稻生理性青枯病的影响 [J/OL]. 西北农林科技大学学报 (自然科学版), 54 (2): 135-142, 151 [网络首发时间: 2025 - 08 - 11] https: //link. cnki. net/urlid/61. 1390. S. 20250811. 1041. 002.

周克瑜, 施书莲, 杜丽娟, 等, 1998. 豆科固氮植物植株茎叶、根和根瘤的 $\delta^{15}N$ 值变异 [J]. 核农学报, 12 (2): 105-111.

SHOKES F M, WEBER Z, GORBET D W, et al., 1998. Evaluation of peanut genotypes for resistance to southern stem rot using an agar disk technique [J]. Peanut Science, 25: 12-17.